东亚季风年鉴

EAST ASIAN MONSOON YEARBOOK

2013

国家气候中心
（东亚季风活动中心） 编

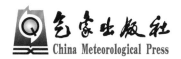

China Meteorological Press

内 容 简 介

　　东亚季风是盛行于东亚地区的冬、夏季风的统称。东亚季风区的范围覆盖了中国、日本、朝鲜半岛、蒙古、中南半岛东岸、琉球群岛、菲律宾群岛。

　　《东亚季风年鉴 2013》是中国气象局国家气候中心的重要业务产品之一。全书分为 3 章，第 1 章描述 2012/2013 年东亚冬季气候及冬季风环流系统的特点；第 2 章介绍 2013 年东亚夏季气候和夏季风环流系统的特征；第 3 章主要介绍 2013 年中国雨季进程的概况。年鉴中也回顾了 2012/2013 年冬季中日韩冬季风会商及 2013 年夏季亚洲区域气候监测、预测和评估论坛气候预测的结果。

　　本年鉴可供从事气象、农业、水文和地质等多个行业的业务、科研和教学人员使用。

图书在版编目(CIP)数据

东亚季风年鉴.2013/国家气候中心编.—北京：

气象出版社，2015.8

　ISBN 978-7-5029-6173-2

　Ⅰ.①东…　　Ⅱ.①国…　　Ⅲ.①东亚季风年鉴-2013-年鉴

Ⅳ.①P425.4-54

中国版本图书馆 CIP 数据核字(2015)第 181551 号

出版发行：气象出版社

地　　　址：北京市海淀区中关村南大街 46 号			邮政编码：100081	

总 编 室：010-68407112　　　　　　　　　　　　发 行 部：010-68409198

网　　址：http://www.qxcbs.com　　　　　　　E-mail：qxcbs@cma.gov.cn

责任编辑：陈　红　　　　　　　　　　　　　　终　　审：黄润恒

封面设计：博雅思企划　　　　　　　　　　　　责任技编：赵相宁

印　　刷：北京地大天成印务有限公司

开　　本：889 mm×1194 mm　1/16　　　　　　印　　张：9.25

字　　数：258 千字

版　　次：2015 年 8 月第 1 版　　　　　　　　印　　次：2015 年 8 月第 1 次印刷

定　　价：65.00 元

《东亚季风年鉴 2013》

主　　编：孙丞虎　周　兵　柳艳菊

编写人员（以姓氏笔画为序）：

马丽娟　王东阡　王遵娅　司　东　刘芸芸

李　多　李清泉　邵　勰　竺夏英　柯宗建

袁　媛　高　辉　龚志强　崔　童

指导专家（以姓氏笔画为序）：

丁一汇　刘海波　李维京　何金海　张庆云

张祖强　张培群　张　强　武炳义　顾建峰

前　言

　　东亚是全球典型的季风区,东亚各国的社会经济、生态环境、水资源和灾害性天气气候事件等均与季风系统的活动密切相关,东亚季风活动规律及其预测研究一直是气候业务和科学研究领域关注的焦点。在全球变暖背景下,东亚地区洪涝、干旱等灾害性气候事件频繁发生,对国家安全、社会经济、生态环境等带来了严重威胁。进一步提高气象部门季风监测、预测的业务能力,是提高我国气候灾害防御能力、保障国家经济建设和社会和谐进步的重要支撑。

　　国家气候中心作为国家级气候业务中心,以及世界气象组织(WMO)下属的亚洲区域北京气候中心和东亚季风活动中心,需要面向亚洲地区提供有关季风活动的业务指导。因此,也希望通过组织编写《东亚季风年鉴》,及时揭示东亚季风系统活动的最新事实,为研究东亚季风系统的演变规律、时空分布特征和机理等提供宝贵的基础信息参考。同时,通过对季风系统活动气候影响的总结分析,为有关部门加强防灾减灾工作提供一定的帮助。

　　经过1年多的努力,《东亚季风年鉴2013》已经完成,在此对大家表示衷心的感谢,也要感谢国家气候中心各级领导和各位指导专家在年鉴编写工作中给予的悉心指导和大力支持。现将参与年鉴各章编写人员情况介绍如下:

　　内容简介、前言、概述、资料和指标说明、东亚季风系统及其气候特征、2013年全球海温及海冰分布、2013年北半球积雪状况、东亚冬季风指数、东亚夏季风指数和中国雨季历年信息表由孙丞虎编写。

　　第1章东亚冬季风概况由孙丞虎统稿,其中,1.1～1.2节由龚志强编写,1.3～1.4节由王遵娅编写,1.5节由孙丞虎和司东编写,1.6节由邵勰编写,本章摘要由孙丞虎编写。

　　第2章东亚夏季风由柳艳菊统稿,其中,2.1～2.2节由孙丞虎和司东编写,2.3节由王遵娅编写,2.4节由袁媛、孙丞虎、竺夏英、李多和王东阡编写,2.5节由柳艳菊编写,2.6节由崔童编写,2.7节由邵勰编写,本章摘要由柳艳菊编写。

　　第3章中国雨季由周兵和孙丞虎统稿,其中,3.1节由孙丞虎和邵勰编写,3.2节由王东阡和马丽娟编写,3.3节由李清泉编写,3.4节由孙丞虎和周兵编写,3.5节由崔童编写,3.6节由司东编写,3.7节及本章摘要由孙丞虎编写。

　　2012/2013年东亚冬季风季节预测联合会商预测回顾、2013年亚洲区域气候监测、预测和评估论坛由柯宗建、高辉和刘芸芸编写。

另外，本年鉴的编写得到国家气候中心业务维持费和公益性行业（气象）科研专项——东亚季风多尺度变率的监测预测研究项目（GYHY201406018）的资助。

编者

2015 年 2 月

概　述

　　2012/2013 年冬季,东亚冬季风略偏强。东亚北部地区气温偏低、降水偏多,南部气温偏高,降水偏少。季内,东亚前冬冷湿,后冬暖干。全国共经历了 2 次寒潮、4 次全国型强冷空气过程。冬季风系统中,西伯利亚高压强度接近常年,东亚大槽略偏深,东亚副热带西风急流偏强、偏西、偏北。平流层出现了一次暴发性增温事件,热带地区的大气季节内振荡(MJO)活跃且强度较强。

　　2013 年夏季,东亚大部气温偏高,特别是我国南方地区出现历史罕见的高温天气。东亚地区降水则呈现"北多南少"分布,我国主雨带位置也偏北。从夏季风季节进程看,亚洲热带夏季风,5 月初首先在苏门答腊及中南半岛等地暴发,而后逐步向西北及东北方向推进。受其影响,南海夏季风于 5 月第 3 候暴发,10 月第 4 候结束,暴发偏早,结束偏晚,强度偏弱。东亚副热带夏季风强度偏弱。夏季风系统成员中,马斯克林及澳大利亚高压均偏弱,西太平洋副热带高压偏强、面积偏大、偏西。西北太平洋地区热带辐合带(季风槽)强度偏强,但东伸不显著。越赤道气流中,索马里越赤道气流强度接近常年,孟加拉湾越赤道气流明显偏强,而南海和菲律宾越赤道气流均偏弱。南亚高压强度偏强,中心位置偏北、偏东。东亚副热带西风急流表现为偏强、偏北的特征。夏季,30～60 天季节内振荡较为活跃,其中,印度洋季节内振荡的向东传播以及西太平洋季节内振荡的向西传播,有助于南海夏季风的暴发,南海夏季风暴发以后,季节内振荡的向北传播较活跃。

　　中国主要雨季进程中,华南前汛期 3 月 28 日开始,较常年偏早,7 月 4 日结束,接近常年,前汛期总降水量为 778.6 mm,较常年偏多。西南雨季 5 月 15 日开始较常年偏早,10 月 19 日结束,较常年偏晚,雨季总降水量为 831.2 mm,比常年略偏少。中国梅雨各气候区中,江南梅雨 6 月 6 日入梅,7 月 1 日出梅,均较常年偏早,梅雨量为 282.5 mm,较常年偏少。长江中游和长江下游梅雨,分别于 6 月 20 日和 6 月 23 日入梅,均较常年偏晚,分别于 7 月 1 日和 6 月 30 日出梅均较常年偏早,梅雨量也均偏少。江淮地区为空梅。华北雨季于 7 月 9 日开始,8 月 13 日结束,均较常年偏早,雨季总降水量为 205.9 mm,比常年偏多。华西秋雨 8 月 31 日开始,较常年偏早,11 月 6 日结束,较常年偏晚,秋雨总降水量为 258.78 mm,较常年偏多。

目　录

第1章　东亚冬季风

　　2012/2013年冬季,东亚地区降水呈"北多南少"分布,其中巴尔喀什湖至朝鲜半岛一带降水偏多,而中国西南地区至中南半岛一带降水偏少。季内,前冬降水偏多,后冬降水偏少。东亚地区气温呈"北冷南暖"形势。贝加尔湖至我国东北一带气温明显偏低,而东亚西南部气温较常年偏高。季内,气温阶段性变化特征突出,前冬冷,后冬暖。全国共经历了2次寒潮、4次全国型强冷空气过程。

　　从冬季风的特点来看,东亚冬季风略偏强。冬季风系统成员中,西伯利亚高压强度接近常年,东亚大槽略偏深,东亚副热带西风急流偏强、偏西、偏北。平流层出现了一次暴发性增温过程。此外,热带地区的MJO活跃且强度偏强。

1.1　冬季气温

1.1.1　东亚气温

　　2012/2013年冬季,东亚地区气温呈"北冷南暖"形势。东亚北部地区气温较常年同期偏低1℃以上,特别是贝加尔湖至我国东北一带气温偏低2℃以上,而东亚西南部气温较常年同期偏高1~2℃(图1.1)。季内(图1.2~图1.5),气温阶段性变化特征突出,前冬冷,后冬暖。

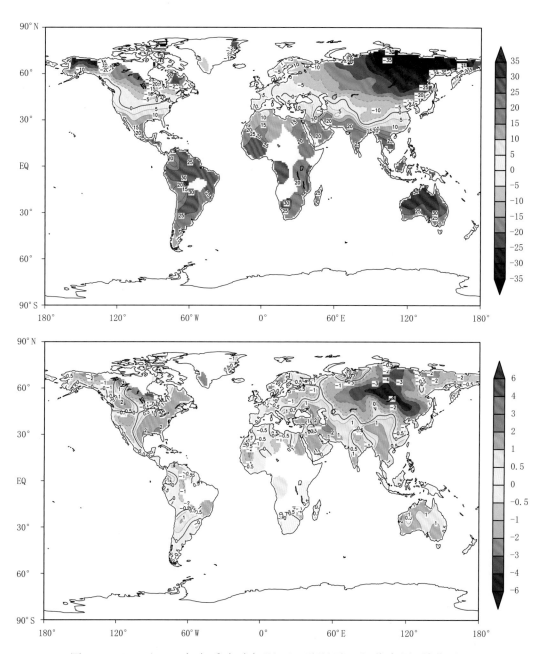

图 1.1　2012/2013 年冬季全球气温(上)及距平(下)分布图(单位:℃)

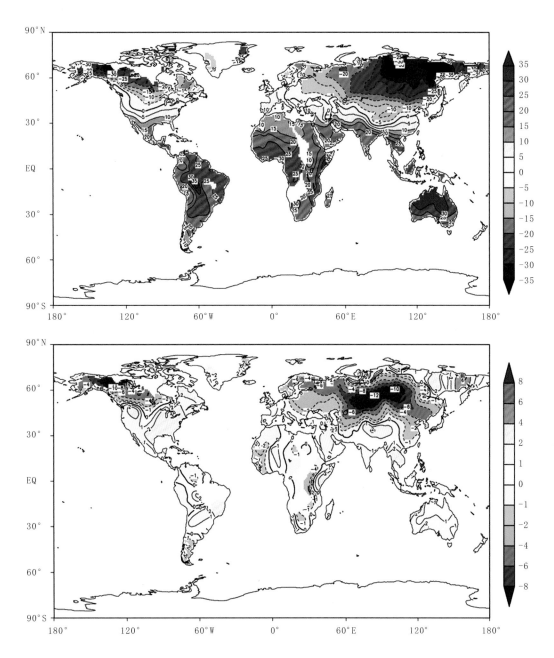

图 1.2 2012 年 12 月全球气温(上)及距平(下)分布图(单位:℃)

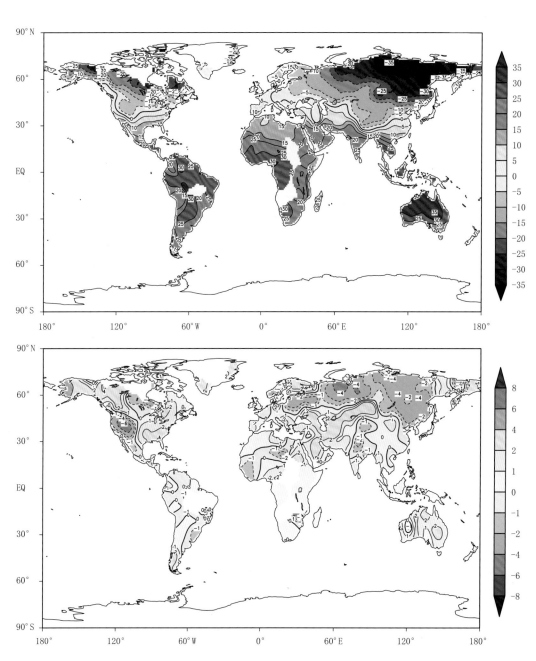

图 1.3　2013 年 1 月全球气温(上)及距平(下)分布图(单位:℃)

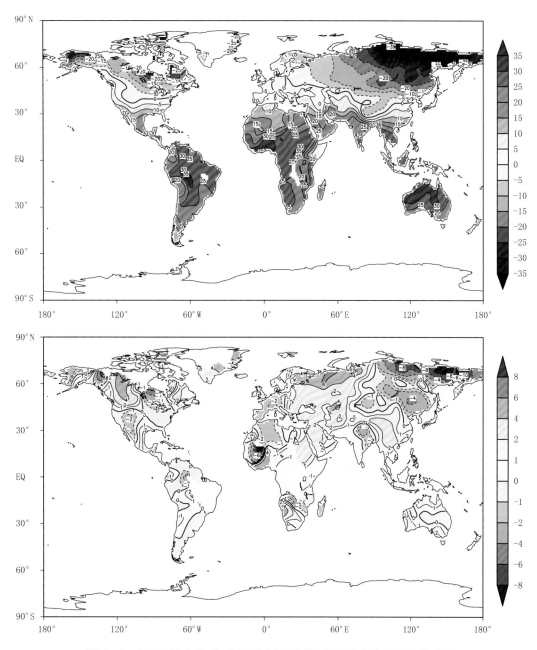

图1.4 2013年2月全球气温(上)及距平(下)分布图(单位:℃)

1.1.2 中国气温

2012/2013年冬季,全国平均气温为−3.7℃,较常年同期(−3.4℃)偏低0.3℃(图1.5)。季内,我国气温变化呈现前冬冷、后冬暖的阶段性变化特征(图略)。

从空间分布来看(图1.6),东北大部、华北大部、华东大部、华中大部、新疆北部等地气温偏低,其中东北大部、内蒙古东部、华北东部、新疆北部和西藏西部局部地区偏低2~4℃,

局部偏低4℃以上。其余大部地区气温接近正常或偏高，其中，云南大部和青海南部气温偏高1~2℃。

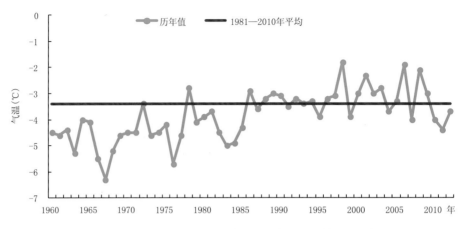

图1.5　1960/1961—2012/2013年冬季全国平均气温历年变化图

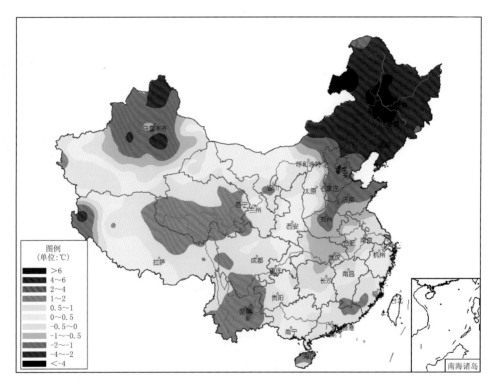

图1.6　2012/2013年冬季全国平均气温距平分布图

1.2 冬季降水

1.2.1 东亚降水

2012/2013 年冬季,东亚地区降水呈"北多南少"分布。其中,巴尔喀什湖至朝鲜半岛一带降水偏多 3 成以上,局部地区偏多 1 倍以上,而中国西南地区至中南半岛一带降水偏少 3 成以上,局部地区偏少超过 8 成(图 1.7)。季内(图 1.8～图 1.10),前冬降水总体偏多,后冬总体偏少。

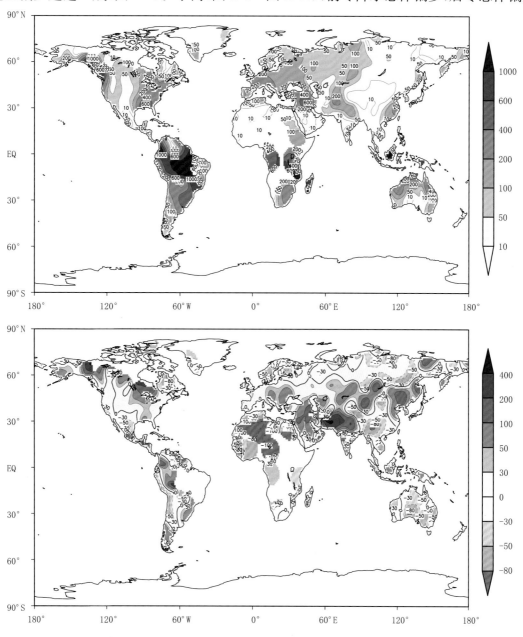

图 1.7　2012/2013 年冬季全球降水量(上,单位:mm)及距平百分率(下,单位:%)分布图

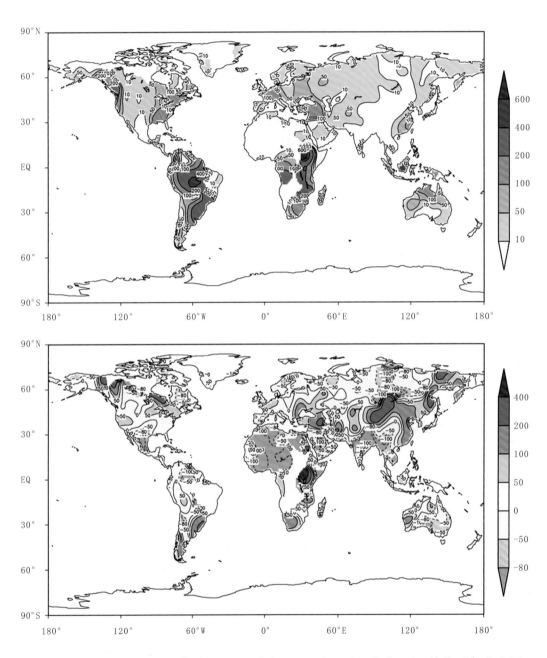

图 1.8　2012 年 12 月全球降水量(上，单位:mm)及距平百分率(下，单位:％)分布图

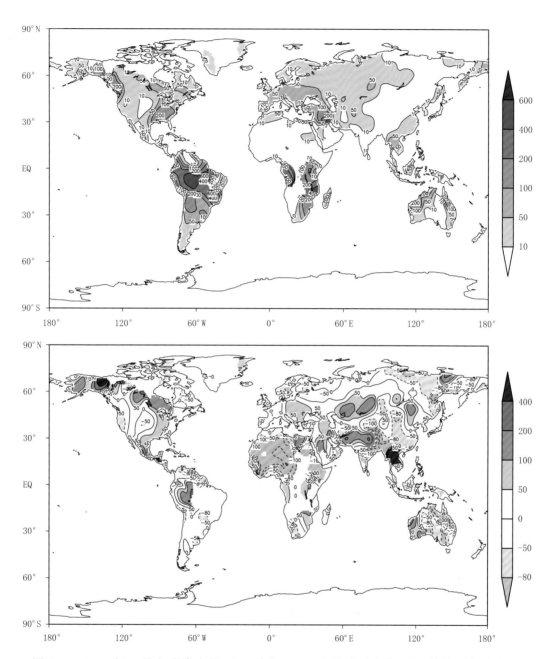

图 1.9　2013 年 1 月全球降水量(上，单位:mm)及距平百分率(下，单位:%)分布图

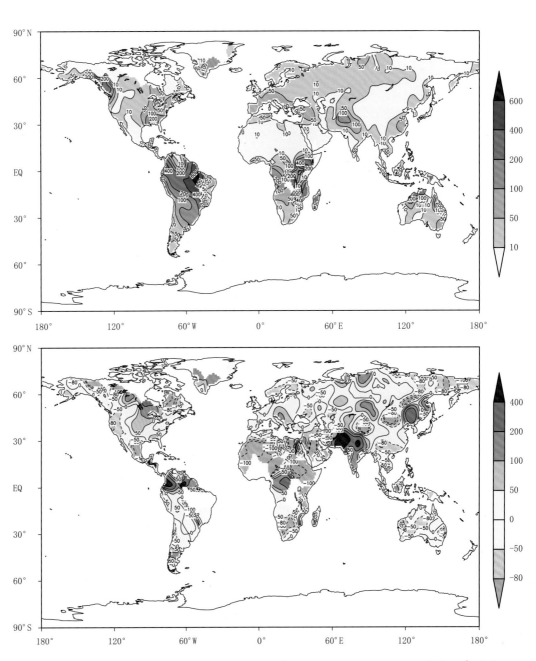

图 1.10 2013 年 2 月全球降水量(上,单位:mm)及距平百分率(下,单位:%)分布图

1.2.2 中国降水

2012/2013 年冬季,全国平均降水量为 38.9mm,较常年同期(41.0mm)偏少 5.1%(图 1.11)。从空间分布来看(图 1.12),东北大部、内蒙古东部、华北东部和南部、华东大部、西北中部及西藏西部降水偏多 5 成~2 倍,部分地区偏多 2 倍以上。西南大部、华南东部、华中西部、内蒙古中部和新疆西南部偏少 5~8 成,云南和四川西部偏少 8 成以上。

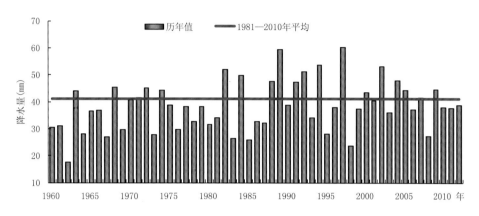

图 1.11 1960/1961—2012/2013 年冬季全国平均降水量历年变化图

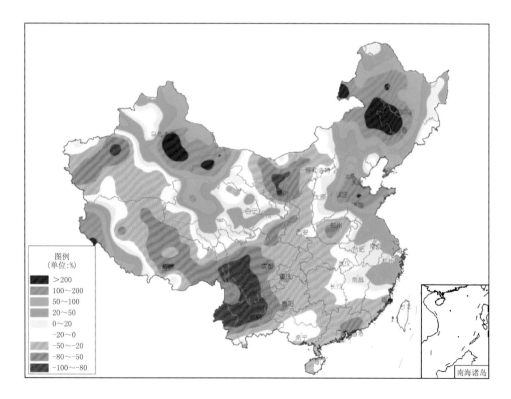

图 1.12 2012/2013 年冬季全国降水量距平百分率分布图

1.3 冷空气过程

2012/2013 年冬季，全国共经历了 2 次寒潮过程，4 次全国型强冷空气过程（表 1.1）。

表 1.1 2012 年 12 月—2013 年 2 月强冷空气和寒潮过程列表

开始时间	结束时间	强度等级
2012 年 12 月 15 日	2012 年 12 月 19 日	全国型强冷空气
2012 年 12 月 20 日	2012 年 12 月 24 日	寒潮
2012 年 12 月 28 日	2012 年 12 月 31 日	寒潮
2013 年 2 月 5 日	2013 年 2 月 9 日	全国型强冷空气
2013 年 2 月 17 日	2013 年 2 月 20 日	全国型强冷空气
2013 年 2 月 27 日	2013 年 3 月 3 日	全国型强冷空气

从冬季主要寒潮过程和全国型强冷空气过程的降温幅度和路径来看：

（1）2012 年 12 月 15—19 日的全国型强冷空气过程主要影响我国东部偏东地区，东北中部和东南部、内蒙古中部和东南部、华北大部、山东、江淮大部、江南中部和东部、华南大部等地过程最大降温幅度达 8～14℃，东北、内蒙古、河北等部分地区降温幅度超过 14℃。此次冷空气过程以偏东路径为主，最先影响东北中南部，然后向南推进（图 1.13）。

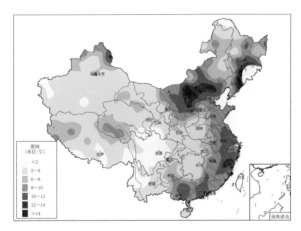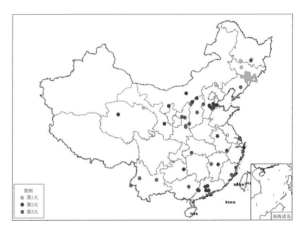

图 1.13　2012 年 12 月 15—19 日冷空气过程最大降温幅度（左）及
冷空气过程前 3 日显著降温台站（右）分布图

（2）2012 年 12 月 20—24 日的寒潮过程主要影响我国北方及东部和南部沿海地区，过程最大降温幅度普遍有 8～14℃。青海东南部、内蒙古中南部、陕西北部、山西西部、辽宁东部等地降温幅度超过 14℃。此次冷空气过程为偏西路径，首先影响新疆、青海等地，然后向东向南推进（图 1.14）。

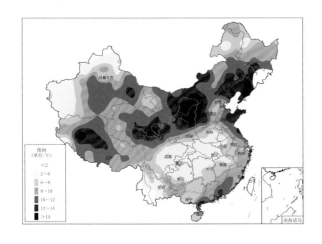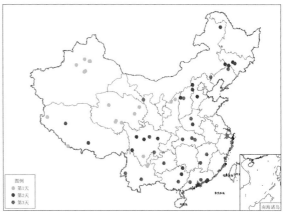

图 1.14　2012 年 12 月 20—24 日寒潮过程最大降温幅度(左)及
寒潮过程前 3 日显著降温台站(右)分布图

(3)2012 年 12 月 28—31 日的寒潮过程主要影响我国西北中部和东部偏东地区,过程最大降温幅度达 8～14℃的区域主要分布在新疆南部、青海、内蒙古东北部、东北中部和南部、山东、江苏、江南东部、华南东部和南部等地,辽宁东部等地降温幅度超过 14℃。此次冷空气过程以偏西路径为主,自西向东产生影响(图 1.15)。

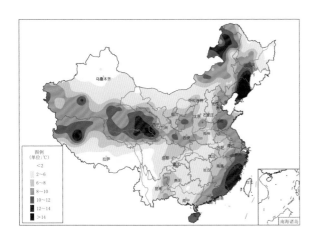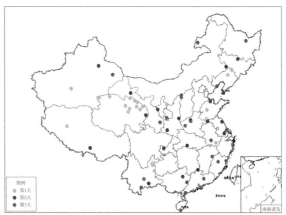

图 1.15　2012 年 12 月 28—31 日寒潮过程最大降温幅度(左)及
寒潮过程前 3 日显著降温台站(右)分布图

(4)2013 年 2 月 5—9 日的全国型强冷空气过程主要影响我国东部偏东地区,过程最大降温幅度达 8～14℃的区域主要包括新疆北部、内蒙古中部和东北部、东北地区大部、山东、江淮、江南东部、华南东部和南部等地。此次冷空气过程为偏东路径,降温最早出现在内蒙古东南部,然后南侵(图 1.16)。

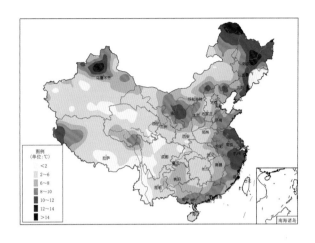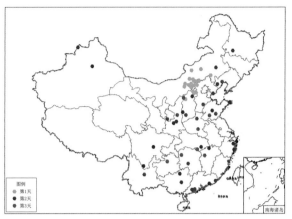

图 1.16　2013 年 2 月 5—9 日冷空气过程最大降温幅度(左)及
冷空气过程前 3 日显著降温台站(右)分布图

　　(5)2013 年 2 月 17—20 日的全国型强冷空气过程引起的降温主要出现在两条东北—西南向的带状区域内。其中,过程最大降温幅度达 8～14℃的区域主要包括青海南部、内蒙古中南部和东部的大部地区、东北大部、华北北部和西部、陕西北部、江淮南部、浙江大部、江西南部、广西大部、西藏大部、四川西部、云南西北部等地。此次冷空气过程的影响路径为东北和西南双路合并,然后向东南地区推进(图 1.17)。

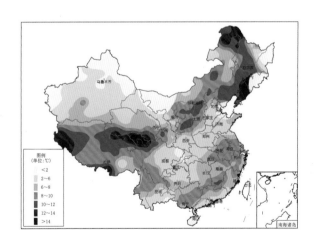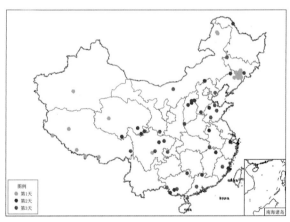

图 1.17　2013 年 2 月 17—20 日冷空气过程最大降温幅度(左)及
冷空气过程前 3 日显著降温台站(右)分布图

　　(6)2013 年 2 月 27 日—3 月 3 日的全国型强冷空气过程主要影响我国东部地区。过程最大降温幅度达 8～14℃的区域主要分布在内蒙古中部和东部的大部地区、东北地区大部、青海北部、宁夏、甘肃东部、山东西南部、长江中下游及其以南大部等地,南方地区的降温幅度更大且范围广。此次冷空气过程以偏东路径为主,并配合有西路和中路冷空气(图 1.18)。

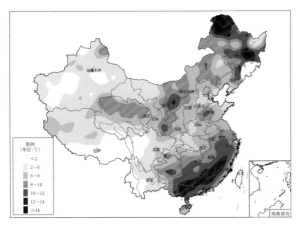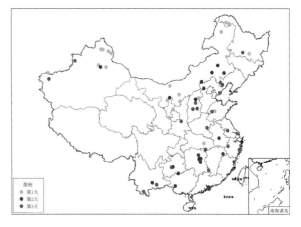

图 1.18　2013 年 2 月 27 日—3 月 3 日冷空气过程最大降温幅度(左)及
冷空气过程前 3 日显著降温台站(右)分布图

1.4　极端事件

2012/2013 年冬季,全国共有 128 站发生极端低温事件,主要分布在华北北部、西南地区东北部和新疆等地,其中西藏狮泉河(−36.7℃)等 6 站的日最低气温突破历史极值(图1.19)。此外,全国共出现极端低温事件 223 站次,较常年同期(262 站次)偏少 39 次(图 1.20)。

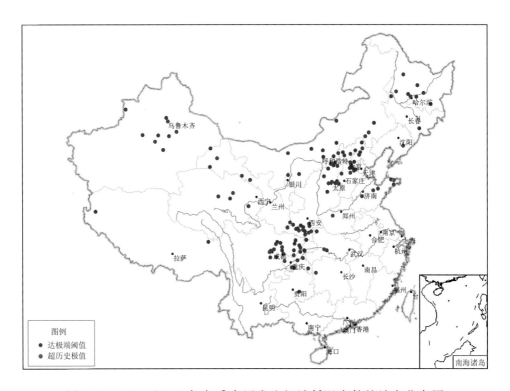

图 1.19　2012/2013 年冬季全国发生极端低温事件的站点分布图

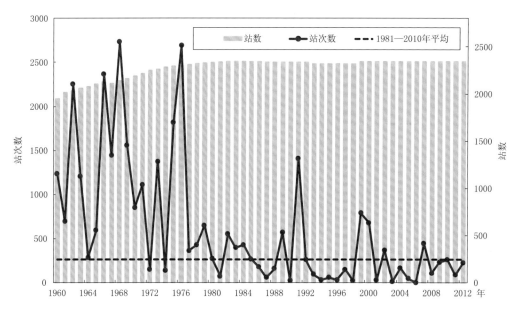

图 1.20　1960/1961—2012/2013 年冬季全国极端低温事件站次数的历年变化图

1.5　东亚冬季风环流系统

1.5.1　东亚冬季风强度

2012/2013 年冬季,东亚冬季风强度指数距平为 0.8,东亚冬季风略偏强(图 1.21)。

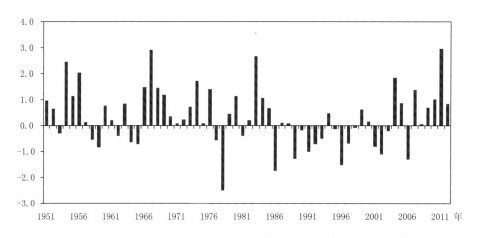

图 1.21　1951/1952—2012/2013 年东亚冬季风强度指数距平历年序列图

1.5.2 冬季风系统成员

（1）西伯利亚高压

2012/2013 年冬季，西伯利亚高压强度指数距平为 0.03，强度接近常年（图 1.22）。

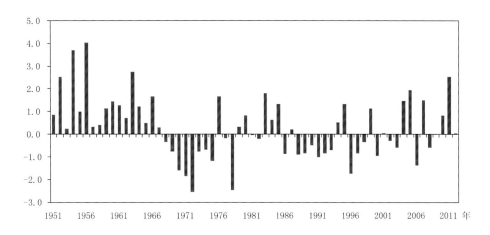

图 1.22 1951/1952—2012/2013 年冬季西伯利亚高压强度指数距平历年序列图

（2）东亚大槽

2012/2013 年冬季，东亚大槽强度指数距平为 -1.0，强度略偏强（图 1.23）。

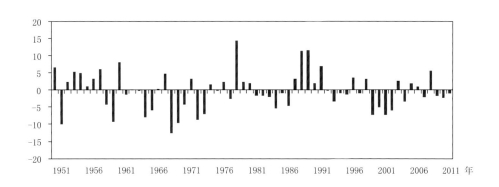

图 1.23 1951/1952—2012/2013 年冬季东亚大槽强度指数距平历年序列图

（3）东亚副热带西风急流

2012/2013 年冬季，东亚副热带西风急流指数为 7136，较常年（6437）偏大 699，急流偏强（图 1.24）。东亚副热带西风急流核位于 135.1°E，32.9°N，较常年（137.9°E，32.5°N）偏西 2.8 度，偏北 0.4 度（图 1.25 和图 1.26）。

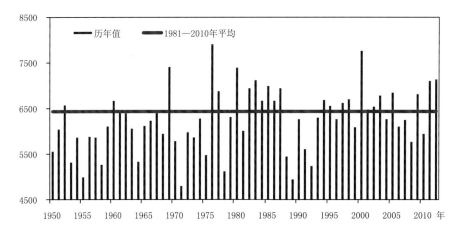

图 1.24　1950/1951—2012/2013 年冬季东亚副热带西风急流指数历年序列图

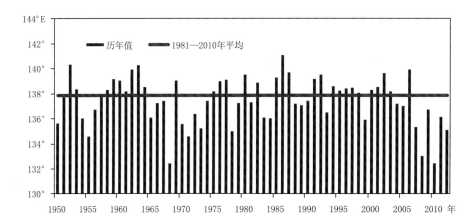

图 1.25　1950/1951—2012/2013 年冬季东亚副热带西风急流核经向位置历年序列图

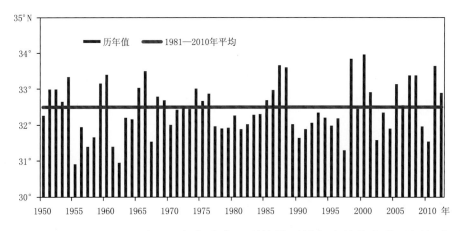

图 1.26　1950/1951—2012/2013 年冬季东亚副热带西风急流核纬向位置历年序列图

（4）北极涛动

2012/2013 年冬季，北极涛动指数维持负位相，指数强度为－1.1（图 1.27）。从季内变化来看,2013年1月中旬前基本维持负位相,1月下旬至2月初均维持正位相,2月中下旬以后再转为负位相(图1.28)。

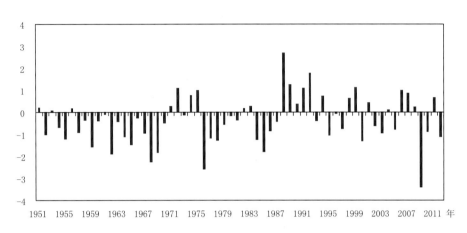

图1.27　1951/1952—2012/2013年冬季北极涛动指数历年序列图

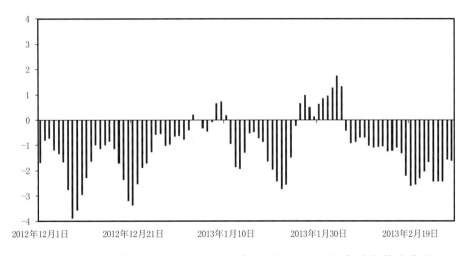

图1.28　2012年12月1日—2013年2月28日北极涛动指数变化图

1.5.3　高低空环流

(1)海平面气压场

2012/2013年冬季(图1.29),欧亚大陆上自乌拉尔山至贝加尔湖一带海平面气压较常年偏高。另外,在热带西太平洋海洋性大陆至印度洋地区以及西北太平洋地区,海平面气压较常年偏低。其中,季内各月变化见图1.30~图1.32。

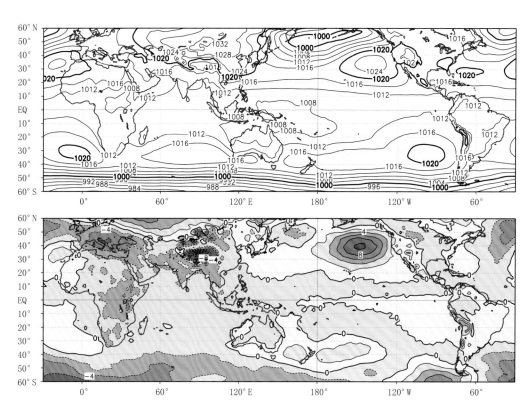

图 1.29　2012/2013 年冬季海平面气压场(上)及距平(下)分布图(单位:hPa)

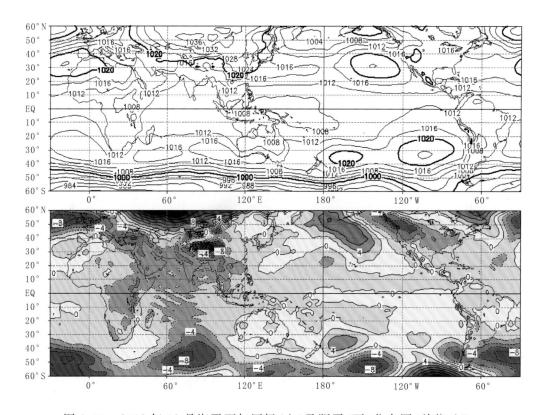

图 1.30　2012 年 12 月海平面气压场(上)及距平(下)分布图(单位:hPa)

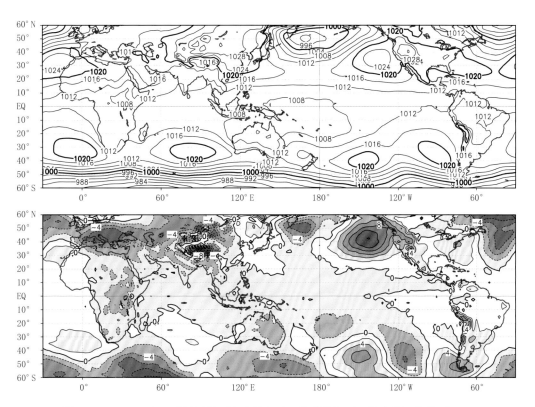

图 1.31　2013 年 1 月海平面气压场（上）及距平（下）分布图（单位：hPa）

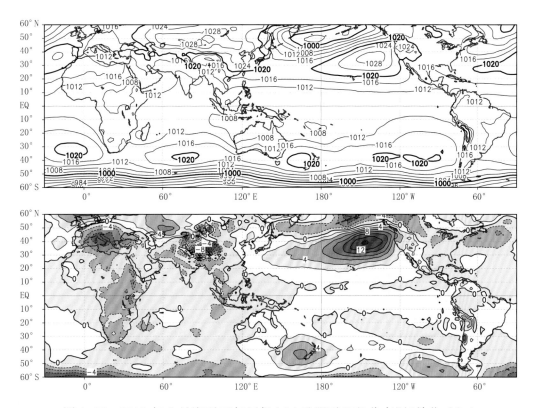

图 1.32　2013 年 2 月海平面气压场（上）及距平（下）分布图（单位：hPa）

（2）850 hPa 风场

2012/2013 年冬季,850 hPa 异常风场上,西伯利亚平原主要受到异常偏东风的影响,而我国东部地区始终处于异常偏南风的控制下（图 1.33）。其中,季内各月变化见图 1.34～图 1.36。

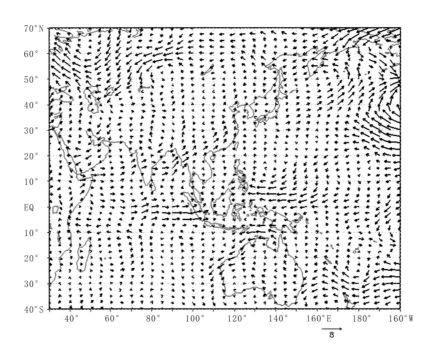

图 1.33　2012/2013 年冬季 850 hPa 风场距平分布图（单位:m/s）

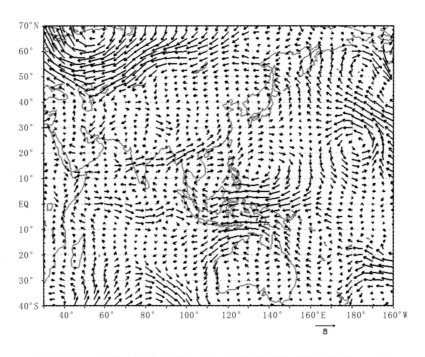

图 1.34　2012 年 12 月 850 hPa 风场距平分布图（单位:m/s）

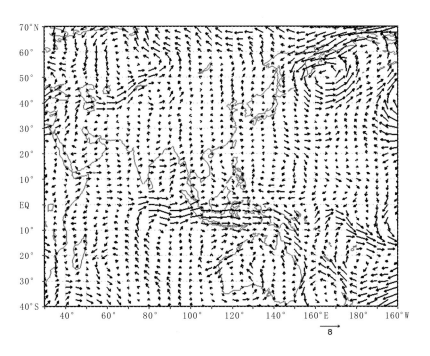

图 1.35　2013 年 1 月 850hPa 风场距平分布图（单位：m/s）

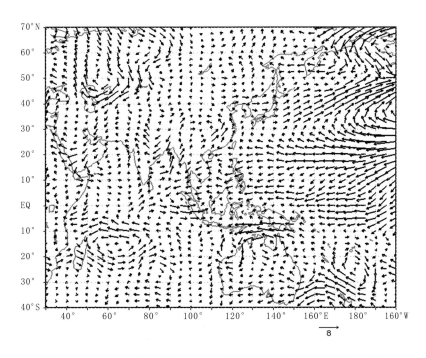

图 1.36　2013 年 2 月 850hPa 风场距平分布图（单位：m/s）

（3）水汽输送

2012/2013 年冬季,整层积分水汽输送异常场上(图 1.37),影响我国中东部地区的异常水汽输送通道主要有 2 支:1)来自印度洋地区的偏西风异常水汽输送,主要影响我国西南地区;2)来自西北太平洋地区的东南风异常水汽输送,主要影响我国东部地区。其中,季内各月变化见图1.38～图1.40。

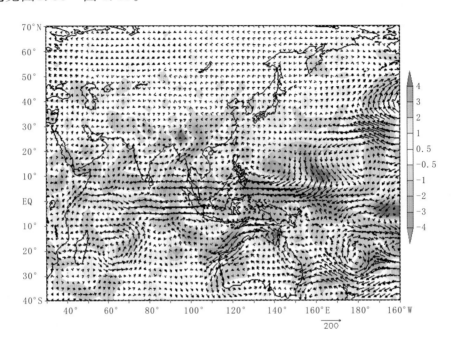

图 1.37　2012/2013 年冬季整层积分水汽输送(矢量;单位:kg/(s・m))和
辐合辐散距平(彩色阴影;单位:10^{-5} kg/(s・m^2))分布图

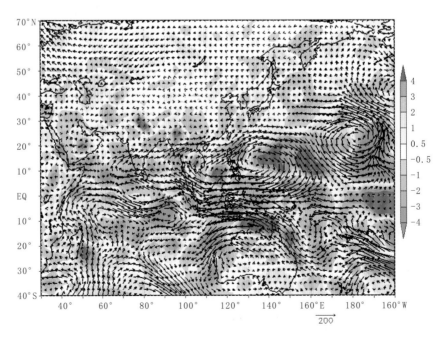

图 1.38　2012 年 12 月整层积分水汽输送(矢量;单位:kg/(s・m))和
辐合辐散距平(彩色阴影;单位:10^{-5} kg/(s・m^2))分布图

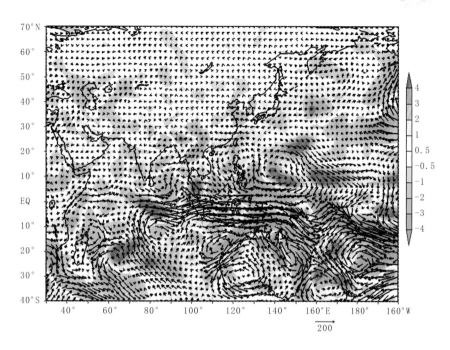

图 1.39　2013 年 1 月整层积分水汽输送(矢量;单位:kg/(s・m))和
辐合辐散距平(彩色阴影;单位:10^{-5} kg/(s・m^2))分布图

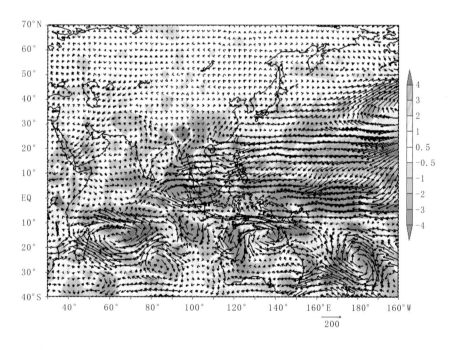

图 1.40　2013 年 2 月整层积分水汽输送(矢量;单位:kg/(s・m))和
辐合辐散距平(彩色阴影;单位:10^{-5}kg/(s・m^2))分布图

(4)500 hPa 高度场

2012/2013 年冬季,500 hPa 高度场上(图 1.41),北半球欧亚中高纬地区,自北大西洋
沿副极地波导,自西向东维持着一支呈现"—+—"异常分布的波列。受此影响,乌拉尔山
地区高度场异常偏高,而贝加尔湖至东亚沿岸地区高度场偏低,反映东亚大槽偏深的特点。

其中,季内各月变化见图 1.42～图 1.44。

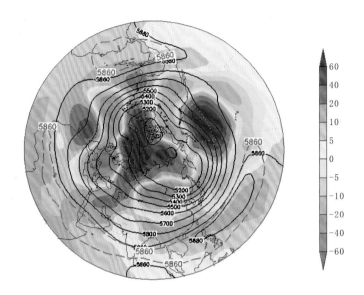

图 1.41　2012/2013 年冬季 500 hPa 位势高度平均值(等值线)及距平(彩色阴影)分布图
(单位:gpm)(红色等值线表示气候平均的 5860 gpm 和 5880 gpm 等值线,
近似代表西太副高气候平均的位置)

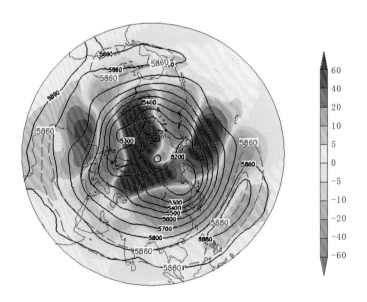

图 1.42　2012 年 12 月 500 hPa 位势高度平均值(等值线)及距平(彩色阴影)分布图
(单位:gpm)(红色等值线表示气候平均的 5860 gpm 和 5880 gpm 等值线,
近似代表西太副高气候平均的位置)

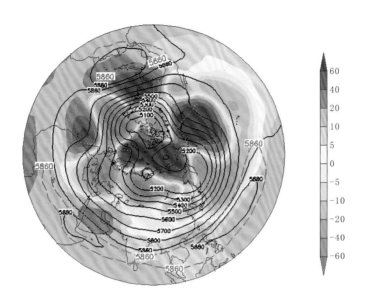

图1.43 2013年1月500 hPa位势高度平均值(等值线)及距平(彩色阴影)分布图
(单位:gpm)(红色等值线表示气候平均的5860 gpm和5880 gpm等值线,
近似代表西太副高气候平均的位置)

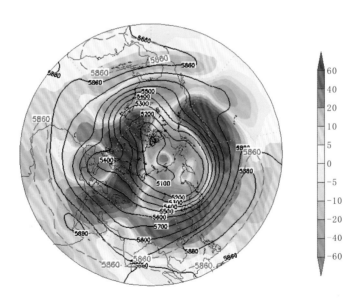

图1.44 2013年2月500 hPa位势高度平均值(等值线)及距平(彩色阴影)分布图
(单位:gpm)(红色等值线表示气候平均的5860 gpm和5880 gpm等值线,
近似代表西太副高气候平均的位置)

(5)200 hPa 纬向风场

2012/2013 年冬季,200 hPa 纬向风场上,欧亚副极地西风偏弱,而东亚副热带西风急流表现出明显偏强、偏西、偏北的特征(图 1.45)。其中,季内各月变化见图 1.46～图 1.48。

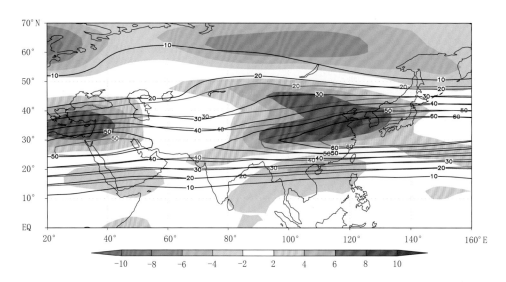

图 1.45　2012/2013 年冬季 200 hPa 纬向风平均场(等值线)及距平场(彩色阴影)分布图
(单位:m/s)(红色等值线表示气候平均的 20～60 m/s 等值线,
近似代表急流中心气候平均的位置)

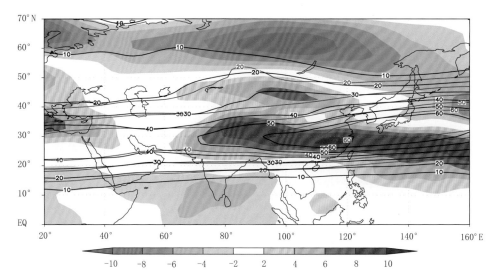

图 1.46　2012 年 12 月 200 hPa 纬向风平均场(等值线)及距平场(彩色阴影)分布图
(单位:m/s)(红色等值线表示气候平均的 20～60 m/s 等值线,
近似代表急流中心气候平均的位置)

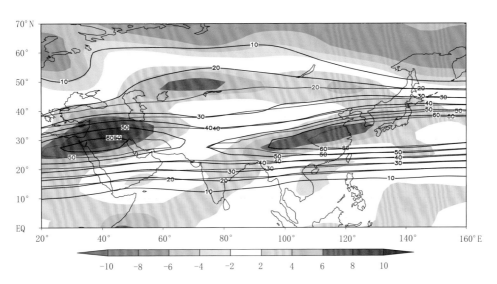

图 1.47 2013 年 1 月 200 hPa 纬向风平均场(等值线)及距平场(彩色阴影)分布图
(单位:m/s)(红色等值线表示气候平均的 20~60 m/s 等值线,
近似代表急流中心气候平均的位置)

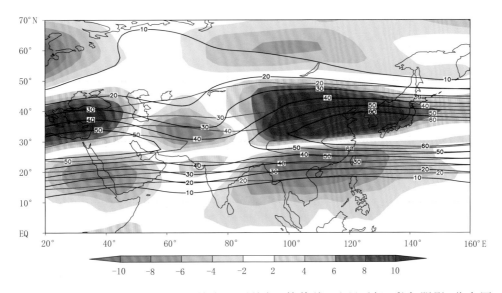

图 1.48 2013 年 2 月 200 hPa 纬向风平均场(等值线)及距平场(彩色阴影)分布图
(单位:m/s)(红色等值线表示气候平均的 20~60 m/s 等值线,
近似代表急流中心气候平均的位置)

1.5.4 阻塞高压活动

2012 年 12 月中下旬,乌拉尔山和鄂霍次克海一带出现了阻塞活动。此后,阻塞活动趋
于减弱,直到 2013 年 2 月中旬以后大西洋地区阻塞开始出现和发展(图 1.49)。

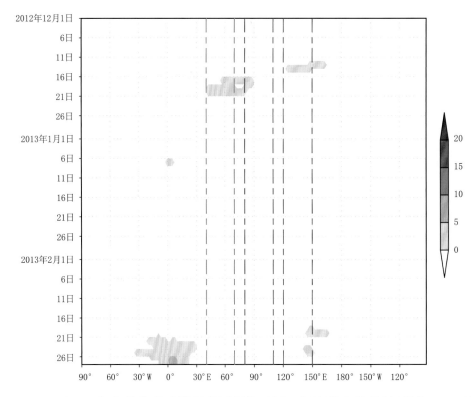

图 1.49　2012/2013 年冬季北半球阻塞高压指数时间—经度演变特征图（单位：gpm/纬度）

1.5.5　平流层过程

2012/2013 年冬季平流层过程表现为（图 1.50），在 2013 年 1 月上中旬，平流层 10 hPa 等压面出现正高度异常，伴随着一次平流层暴发性增温过程，平流层位势高度正异常下传，并在 1 月中下旬开始影响对流层中低层。从 150 hPa 高度层上传波动热通量（图略）和 20 hPa 高度层纬向风场的演变特征来看，在这一次平流层位势高度正异常下传过程中，首先，在 2012 年 12 月中旬至 2013 年 1 月上中旬，整个平流层为异常强的上传波动热通量，并在平流层辐合，引起平流层的纬向基本流的减速。伴随着纬向西风减速作用，平流层极涡强度大大减弱，减弱的幅度在 1 月中旬前后达到最强，西风环流逆转为东风环流，形成暖的极区，导致平流层出现暴发性增温现象。极区建立的东风环流不利于波动热通量的上传，抑制了对流层能量的向上频散，使平流层大气环流在非绝热过程的调整下向辐射平衡发展，产生西风加速，从而逐渐恢复西风环流。在整个过程大约 50 天的时间里，中高纬度地区的纬向基本流一直偏弱，从而形成弱的绕极涡旋，有利于 AO 负位相的维持。

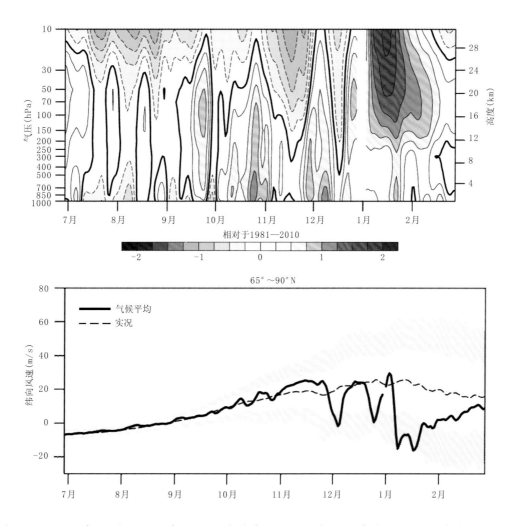

图 1.50　2012 年 7 月—2013 年 2 月北半球高纬度地区标准化高度距平(上,单位:hPa)和
20 hPa 高度层纬向风(下,单位:m/s)演变图

1.6　MJO 活动

2012/2013 年冬季,MJO 强度总体偏强,且传播特征明显(图 1.51)。具体来说,2012
年 12 月下旬前 MJO 强度较弱,此后进入 1、2 位相,而强度则随之转强。进入 2013 年 1 月
份后,MJO 从 2 位相连续传播至 7 位相,且强度一直偏强。进入 2 月后,MJO 继续保持偏
强状态,并能连续从 8 位相传播到 4 位相。因此,MJO 在整个冬季都维持明显的传播特征。

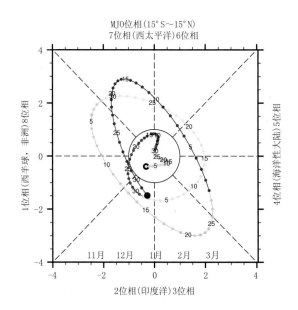

图 1.51　2012 年 11 月—2013 年 3 月 MJO 指数演变图
（MJO 指数在中心圆以内强度偏弱，反之亦然）

第2章 东亚夏季风

2013年夏季,东亚大部分地区气温偏高,尤其我国中东大部分地区气温偏高达2℃以上,发生了极端高温事件。东亚地区降水总体呈"北多南少"分布,其中,从蒙古国向东至我国东北、华北一带降水明显偏多,而我国长江以南的广大地区降水偏少,华北地区则出现了极端降水事件。

从夏季风进程看,亚洲热带夏季风,5月初首先在苏门答腊及中南半岛等地暴发,此后逐步向西北和东北两个方向推进。受其影响,南海夏季风于5月第3候暴发,10月第4候结束,较常年暴发偏早,结束偏晚,强度偏弱。东亚副热带夏季风强度偏弱。夏季风系统成员中,马斯克林及澳大利亚高压均偏弱,西太平洋副热带高压强度偏强、面积偏大、偏西。西北太平洋地区热带辐合带东伸不明显,但强度偏强。越赤道气流中,索马里越赤道气流接近常年,孟加拉湾越赤道气流偏强,而南海及菲律宾越赤道气流均偏弱。南亚高压强度偏强,中心位置偏北、偏东。东亚副热带西风急流偏强、位置偏北。

另外,夏季30～60天季节内振荡较为活跃。5月上中旬,印度洋季节内振荡向东传播与西北太平洋的季节内振荡向西传播汇合在南海,有助于南海夏季风暴发。而南海夏季风暴发以后,季节内振荡自南海地区不断向北传播。

2.1 夏季气温

2.1.1 东亚气温

2013年夏季,东亚大部气温偏高,尤其中国中东部大部分地区气温偏高达2℃以上(图2.1)。从季内变化来看,东亚中南部气温持续偏高,北部地区盛夏前偏低,之后偏高(图2.2～图2.4)。

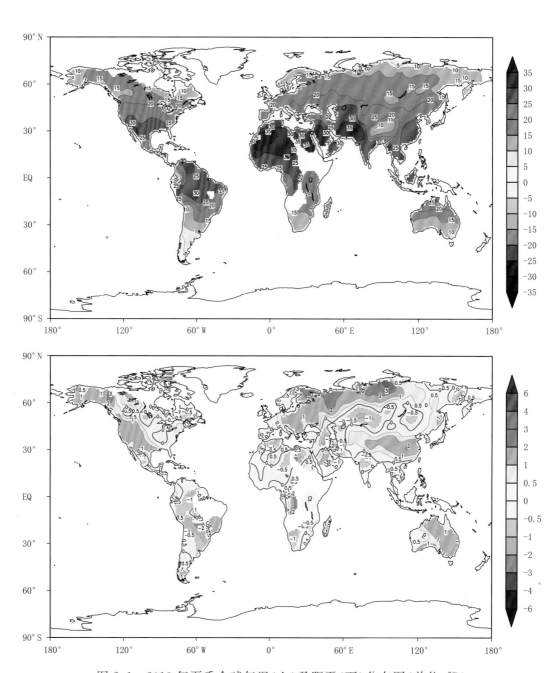

图 2.1　2013 年夏季全球气温(上)及距平(下)分布图(单位:℃)

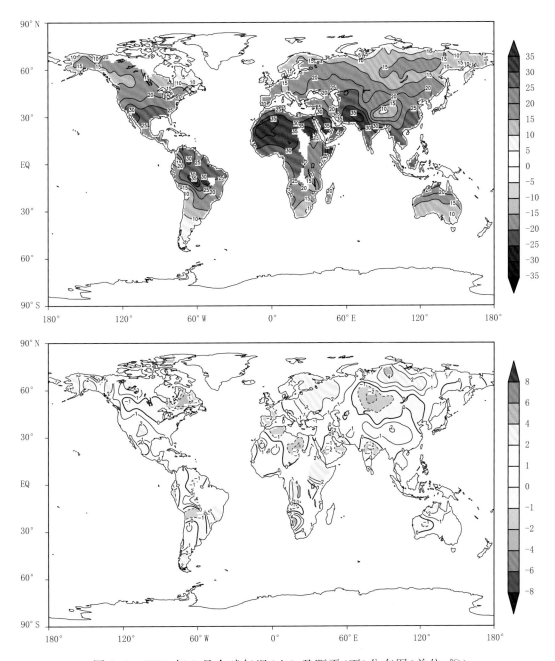

图 2.2　2013 年 6 月全球气温(上) 及距平(下)分布图(单位:℃)

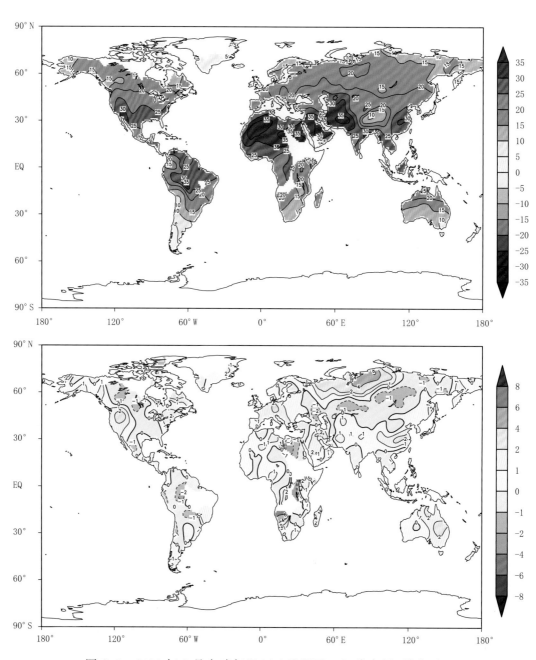

图 2.3 2013 年 7 月全球气温(上)及距平(下)分布图(单位:℃)

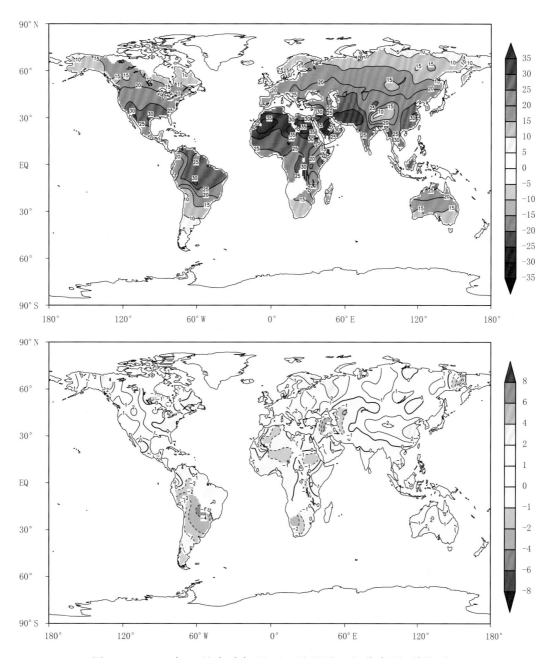

图 2.4　2013 年 8 月全球气温(上)及距平(下)分布图(单位:℃)

2.1.2 中国气温

2013 年夏季,全国平均气温 21.7℃,较常年同期(20.9℃)偏高 0.8℃,与 2006 年和 2010 年并列为 1961 年以来同期最高(图 2.5)。从空间分布来看,新疆、内蒙古和海南的局部地区气温偏低 0.5～1℃,全国其余大部分地区气温偏高或接近常年同期。其中,黄淮至江南北部、青海、四川、重庆、贵州大部等地气温偏高 1～2℃,部分地区偏高 2℃以上(图 2.6)。

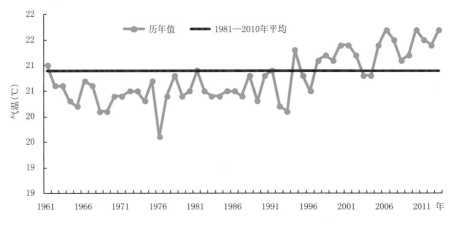

图 2.5　1961—2013 年夏季全国平均气温历年变化图

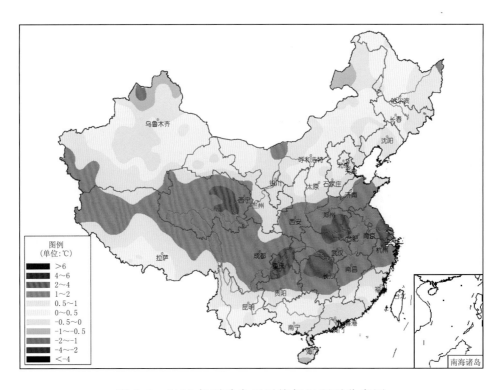

图 2.6　2013 年夏季全国平均气温距平分布图

2.2 夏季降水

2.2.1 东亚降水

2013 年夏季(图 2.7),东亚地区降水总体呈"北多南少"分布。其中,从蒙古国至我国东北、华北一带,以及我国西南地区至中南半岛一带降水较常年偏多 3 成以上,而我国长江以南的广大地区降水较常年偏少不到 3 成。从季内变化来看(图 2.8～图 2.10),东亚北部降水持续偏多,中南部地区变化较大。

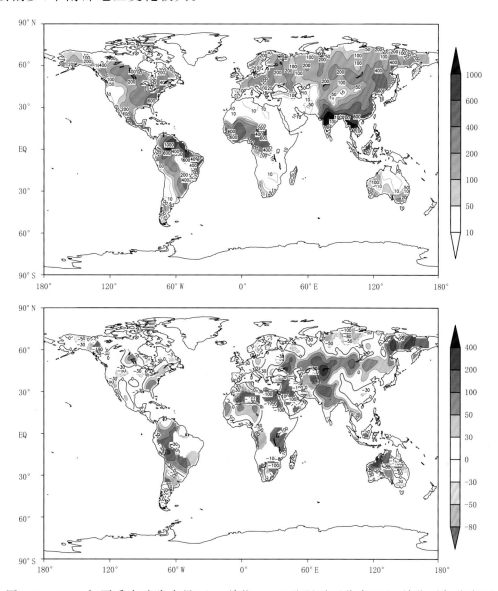

图 2.7 2013 年夏季全球降水量(上,单位:mm)及距平百分率(下,单位:％)分布图

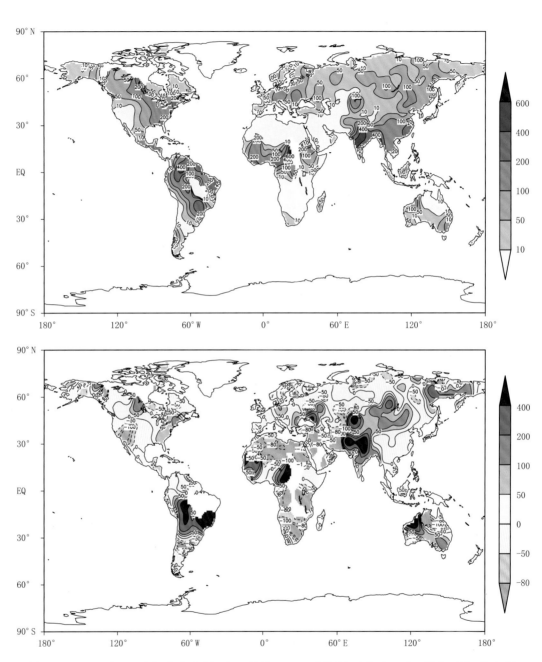

图 2.8 2013 年 6 月全球降水量(上,单位:mm)及距平百分率(下,单位:%)分布图

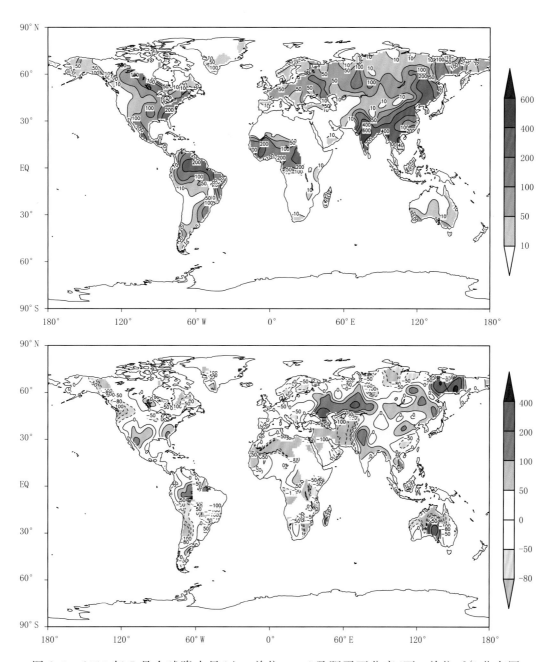

图 2.9 2013 年 7 月全球降水量(上,单位:mm)及距平百分率(下,单位:%)分布图

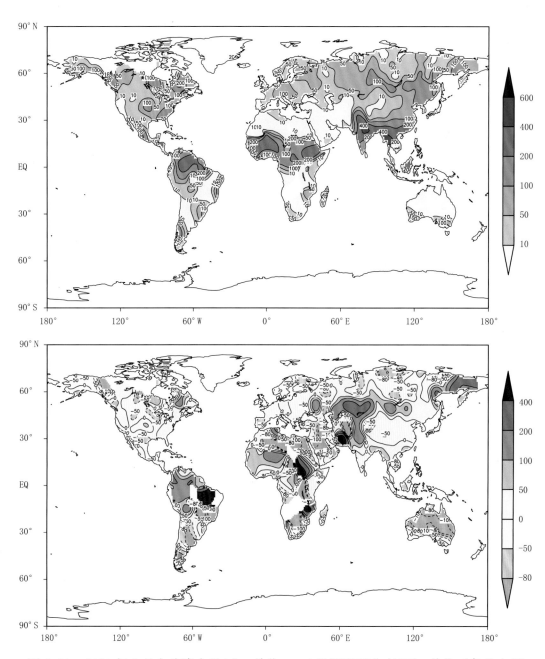

图 2.10　2013 年 8 月全球降水量(上，单位:mm)及距平百分率(下，单位:%)分布图

2.2.2　中国降水

　　2013 年夏季,全国平均降水量为 336.9mm,较常年同期(325.2mm)偏多 3.6%(图 2.11)。从空间分布来看,降水分布呈"北多南少"形势,西北西部和东部、华北大部、东北大部、内蒙古东北部等地降水偏多 2 成至 1 倍,局部地区偏多 1 倍以上。黄淮南部、江淮东部、江南中部和西部、贵州和重庆等地降水偏少 2~5 成,局部地区偏少 5~8 成(图 2.12)。

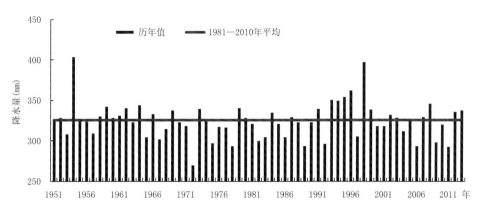

图 2.11 1951—2013 年夏季全国平均降水量历年变化图

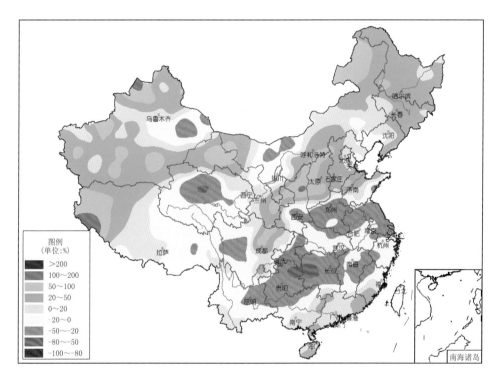

图 2.12 2013 年夏季全国降水距平百分率分布图

2.3 极端事件

2.3.1 极端高温

2013 年夏季，贵州、云南、四川、浙江、安徽、湖南和湖北等 23 个省(市、区)有 530 个气象观测站发生极端高温事件，其中浙江新昌(44.1℃)、奉化(43.5℃)和湖南慈利(43.2℃)

等 206 站达到或突破历史极值(图 2.13)。另外,全国共出现极端高温事件 1816 站次,较常年同期(252 站次)偏多 1564 站次,为 1961 年来最多(图 2.14)。

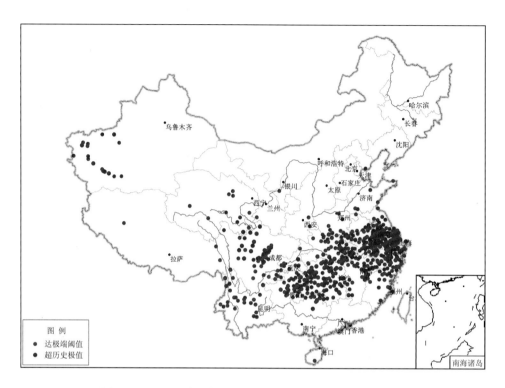

图 2.13　2013 年夏季全国极端高温事件站点分布图

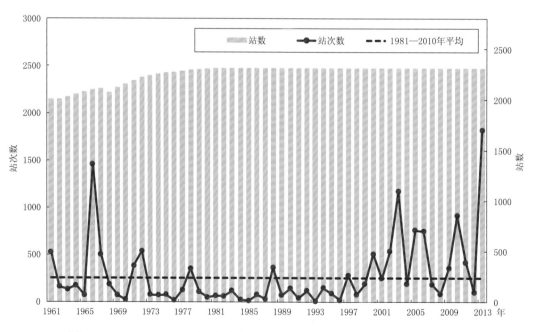

图 2.14　1961—2013 年夏季全国极端高温事件站次数的历年变化图

2.3.2 极端降水

2013年夏季,广东、广西、甘肃、河北、山西、陕西和内蒙古等27省(市、区)有217个气象观测站发生极端日降水量事件(图2.15),其中,广东潮阳(475.1 mm)、四川都江堰(416.0 mm)、辽宁黑山(263.0 mm)等55站达到或超过历史极值。另外,全国共出现极端强降水事件237站次,较常年同期(195站次)偏多42站次(图2.16)。

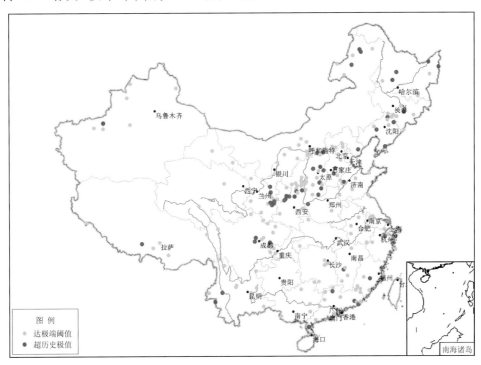

图2.15 2013年夏季全国极端日降水量事件站点分布图

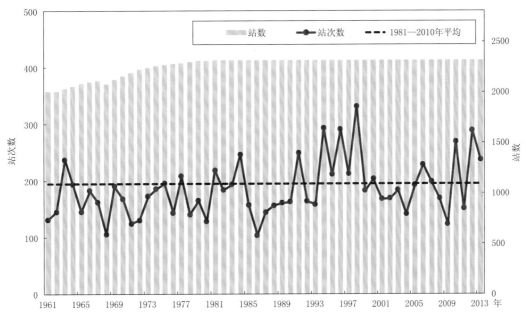

图2.16 1961—2013年夏季全国极端日降水事件站次数的历年变化图

2.4　东亚夏季风环流系统

2.4.1　高低空环流系统

（1）海平面气压场

2013年夏季（图2.17），欧亚大陆中纬度和西北太平洋都为弱的SLP负距平控制，但大陆上的负距平略偏强，因此整个夏季海陆气压差略偏大。其中，季内各月变化见图2.18～图2.20。

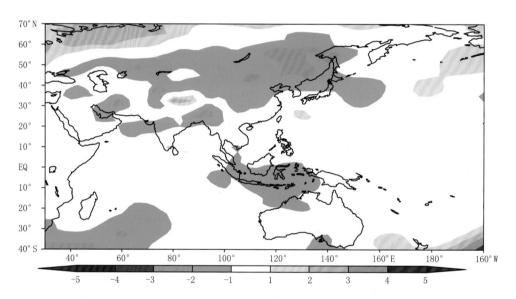

图2.17　2013年夏季海平面气压距平场分布图（单位：hPa）

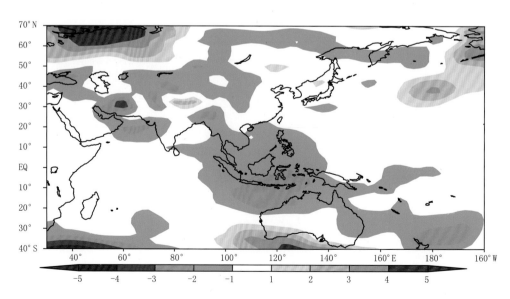

图2.18　2013年6月海平面气压距平场分布图（单位：hPa）

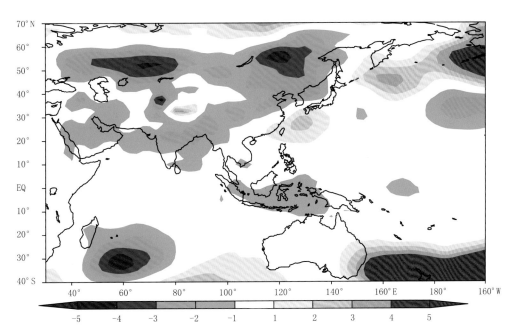

图 2.19　2013 年 7 月海平面气压距平场分布图（单位：hPa）

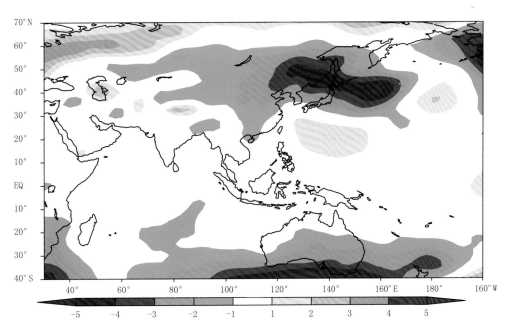

图 2.20　2013 年 8 月海平面气压距平场分布图（单位：hPa）

（2）850 hPa 风场

2013 年夏季（图 2.21），印度洋西部为异常南风，反映索马里急流偏强，而西北太平洋为反气旋性异常环流。其中，季内各月变化见图 2.22～图 2.24。

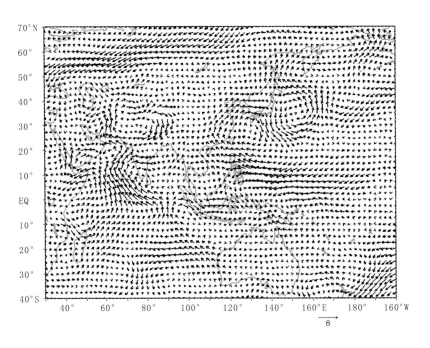

图 2.21　2013 年夏季 850 hPa 风场距平分布图(单位:m/s)

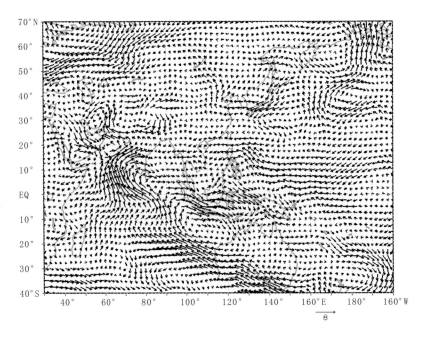

图 2.22　2013 年 6 月 850 hPa 风场距平分布图(单位:m/s)

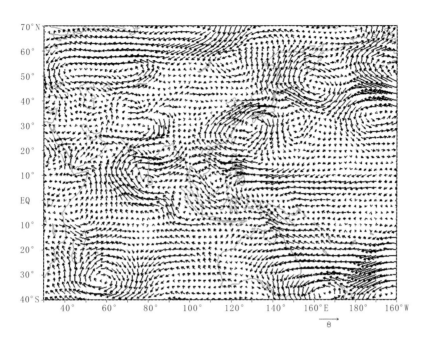

图 2.23　2013 年 7 月 850 hPa 风场距平分布图（单位：m/s）

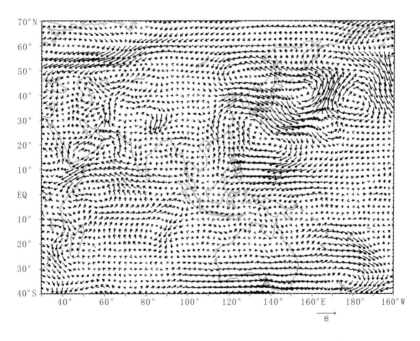

图 2.24　2013 年 8 月 850 hPa 风场距平分布图（单位：m/s）

（3）水汽输送场

2013 年夏季（图 2.25），受西北太平洋异常反气旋环流的影响，来自西北太平洋的东南风水汽输送明显偏强，有利于我国北方大部分地区异常水汽辐合，而我国长江以南大部分地区为水汽输送的异常辐散区。其中，季内各月变化见图 2.26～图 2.28。

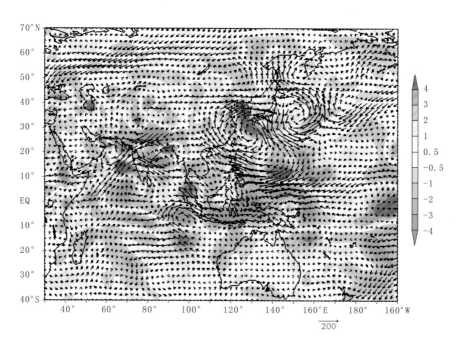

图 2.25　2013 年夏季整层积分水汽输送(矢量;单位:kg/(s·m))和
辐合辐散距平(彩色阴影;单位:10^{-5} kg/(s·m²))分布图

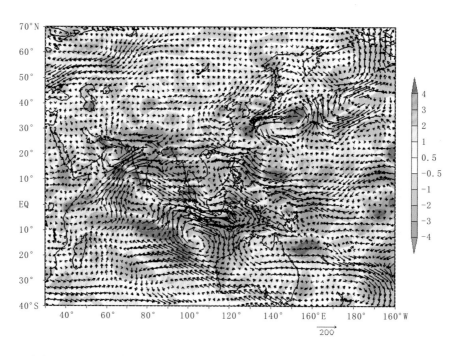

图 2.26　2013 年 6 月整层积分水汽输送(矢量;单位:kg/(s·m))和
辐合辐散距平(彩色阴影;单位:10^{-5} kg/(s·m²))分布图

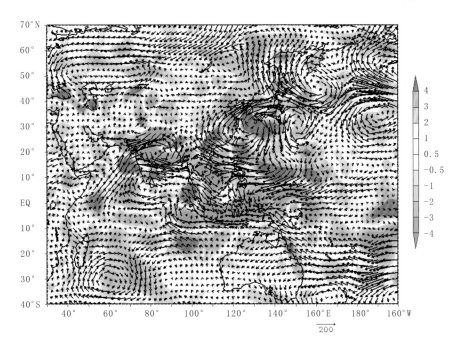

图 2.27　2013 年 7 月整层积分水汽输送(矢量;单位:kg/(s・m))和
辐合辐散距平(彩色阴影;单位:10^{-5} kg/(s・m^2))分布图

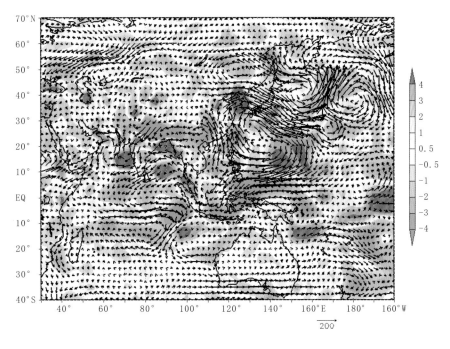

图 2.28　2013 年 8 月整层积分水汽输送(矢量;单位:kg/(s・m))和
辐合辐散距平(彩色阴影;单位:10^{-5} kg/(s・m^2))分布图

(4)500 hPa 高度场

2013 年夏季(图 2.29),500 hPa 位势高度及距平场上,欧亚中高纬呈"北高南低"异常型,欧洲西部至我国东北为宽广的低压槽控制。亚洲中低纬为高度场正距平控制,西太副高西侧明显偏强、偏西,脊线位置偏北,印缅槽强度也较常年同期明显偏强。其中,季内各月变化见图 2.30~图 2.32。

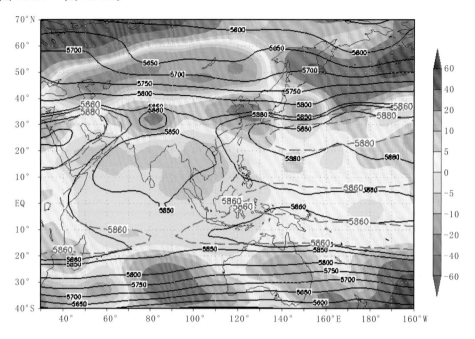

图 2.29　2013 年夏季 500 hPa 位势高度平均值(等值线)及距平(彩色阴影)分布图
(单位:gpm)(红色等值线表示气候平均的 5860 gpm 和 5880 gpm 等值线,
近似代表西太副高气候平均的位置)

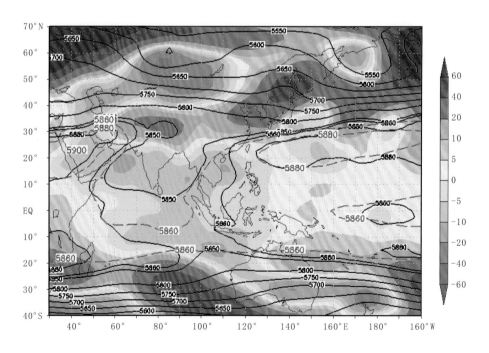

图 2.30　2013 年 6 月 500 hPa 位势高度平均值(等值线)及距平(彩色阴影)分布图
(单位:gpm)(红色等值线表示气候平均的 5860 gpm 和 5880 gpm 等值线,
近似代表西太副高气候平均的位置)

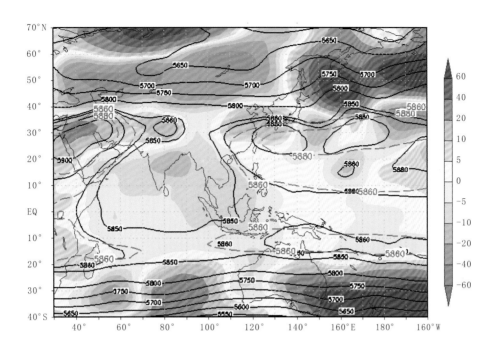

图 2.31 2013 年 7 月 500 hPa 位势高度平均值(等值线)及距平(彩色阴影)分布图
(单位:gpm)(红色等值线表示气候平均的 5860 gpm 和 5880 gpm 等值线,
近似代表西太副高气候平均的位置)

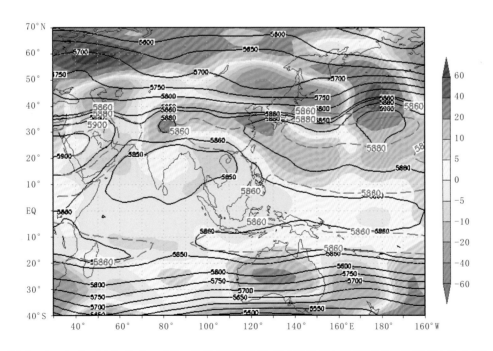

图 2.32 2013 年 8 月 500 hPa 位势高度平均值(等值线)及距平(彩色阴影)分布图
(单位:gpm)(红色等值线表示气候平均的 5860 gpm 和 5880 gpm 等值线,
近似代表西太副高气候平均的位置)

2.4.2 东亚夏季系统成员

（1）澳大利亚高压

2013 年夏季，澳大利亚高压指数为 1020.0，接近常年（1020.6）（图 2.33）。

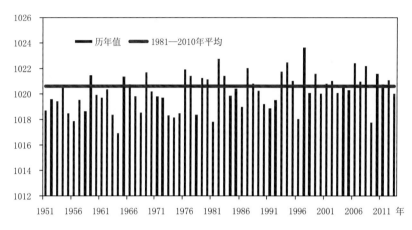

图 2.33 1951—2013 年夏季澳大利亚高压强度历年变化图

（2）马斯克林高压

2013 年夏季，马斯克林高压指数为 1022.5，较常年（1023.6）偏小 1.1（图 2.34）。

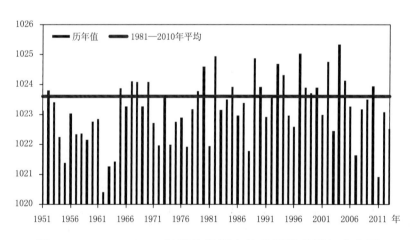

图 2.34 1951—2013 年夏季马斯克林高压强度历年变化图

（3）西北太平洋副热带高压

2013 年夏季，西北太平洋副热带高压（简称西太副高）面积指数为 100，较常年（81.6）偏大 18.4（图 2.35），强度指数为 119，较常年（109）偏强 10（图 2.36）。脊线位于 24.9°N，较常年（25.5°N）偏南 0.6 个纬度（图 2.37），西伸脊点位于 125.4°E，较常年（132.4°E）偏西 7 个经度（图 2.38）。总之，西北太平洋副热带高压强度偏强、面积偏大、脊线位置略偏南、西伸脊点明显偏西。

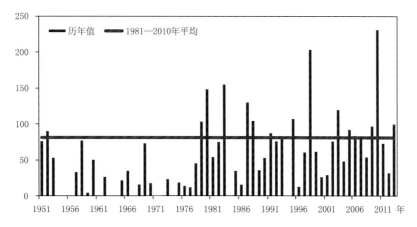

图 2.35 1951—2013 年夏季西北太平洋副热带高压面积指数历年变化图

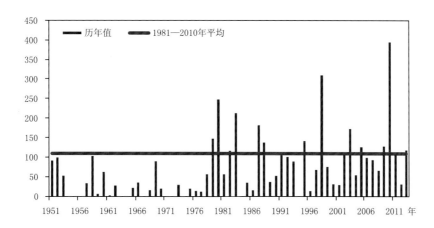

图 2.36 1951—2013 年夏季西北太平洋副热带高压强度指数历年变化图

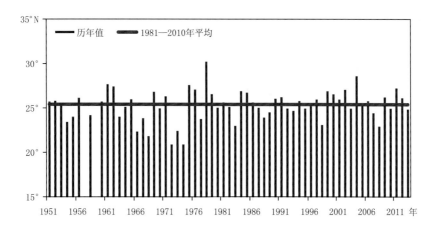

图 2.37 1951—2013 年夏季西北太平洋副热带高压脊线位置指数历年变化图

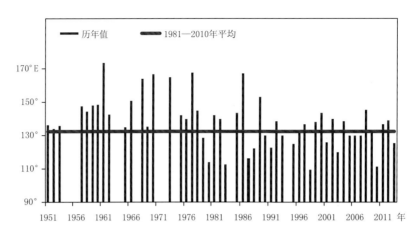

图 2.38 1951—2013 年夏季西北太平洋副热带高压西伸脊点指数历年变化图

（4）热带辐合带（ITCZ）

热带辐合带是东亚夏季风系统的重要成员，南半球冷空气暴发导致气流越过赤道侵入北半球，汇入西南季风，与北半球副热带高压南侧的偏东气流相遇，形成广阔的热带辐合带。气候意义下，盛夏该辐合带从南海的中北部向东延伸、穿过菲律宾，可到达 140°～150°E附近（图 2.39）。

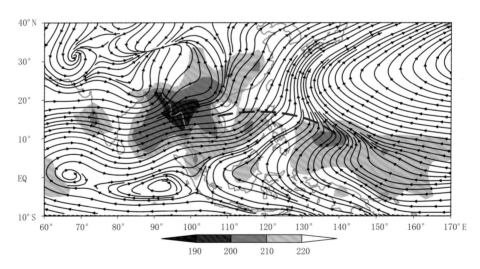

图 2.39 1981—2010 年夏季气候平均 850 hPa 平均风场（流线，单位:m/s）
及 OLR（彩色阴影，单位:W/m²）分布图
（粗虚线表示辐合带所在位置）

2013 年夏季，热带辐合带向东仅伸展到 130°E 附近地区，热带辐合带内对流活动较常年略偏强（图 2.40）。从西北太平洋地区热带辐合带强度指数来看，2013 年为 221.7，较常年（223.1）略偏强（图 2.41）。

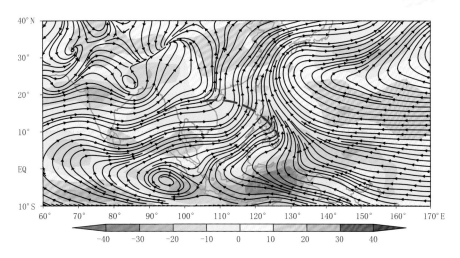

图 2.40　2013 年夏季 850 hPa 平均风场(流线,单位:m/s)及 OLR 距平场(彩色阴影,单位:W/m²)分布图
(粗虚线表示辐合带所在位置)

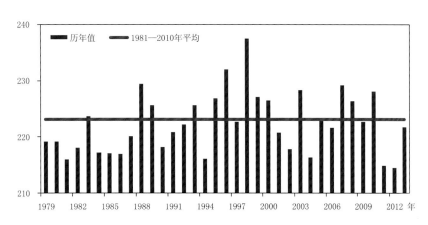

图 2.41　1979—2013 年夏季西北太平洋 ITCZ 强度指数历年变化图
(指数小于气候值表示强度偏强)

(5)越赤道气流

1)索马里越赤道气流

2013 年夏季,索马里越赤道气流强度指数为 9.33,与常年(9.32)持平(图 2.42)。

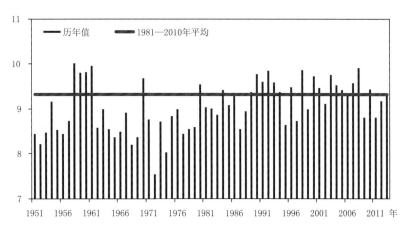

图 2.42　1951—2013 年夏季索马里越赤道气流强度历年变化图

2)孟加拉湾越赤道气流

2013 年夏季,孟加拉湾越赤道气流强度指数为 2.3,较常年(1.1)偏大 1.2(图 2.43)。

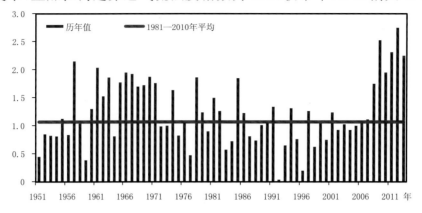

图 2.43　1951—2013 年夏季孟加拉湾越赤道气流强度历年变化图

3)南海越赤道气流

2013 年夏季,南海越赤道气流强度指数为 0.9,较常年(1.6)偏小 0.7(图 2.44)。

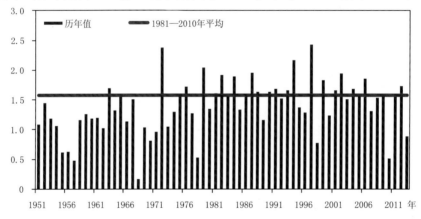

图 2.44　1951—2013 年夏季南海越赤道气流强度历年变化图

4)菲律宾越赤道气流

2013 年夏季,菲律宾越赤道气流强度指数为 1.5,较常年(2.4)偏小 0.9(图 2.45)。

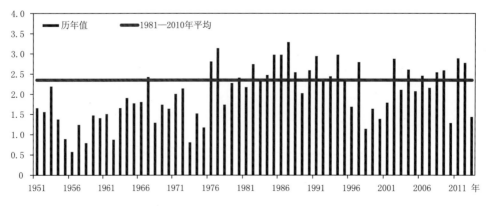

图 2.45　1951—2013 年夏季菲律宾越赤道气流强度历年变化图

（6）南亚高压

2013年夏季，南亚高压的强度明显偏强，中心位置偏北、偏东（图2.46），南亚高压强度指数为84.8，较常年（83.8）偏大1.0（图2.47）。

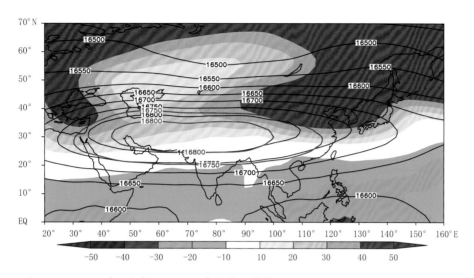

图2.46　2013年夏季100 hPa高度场（等值线）和距平场（彩色阴影）分布图
（单位：gpm）（红色等值线表示气候平均16800 gpm和16750 gpm等值线，
近似代表南亚高压气候平均的位置）

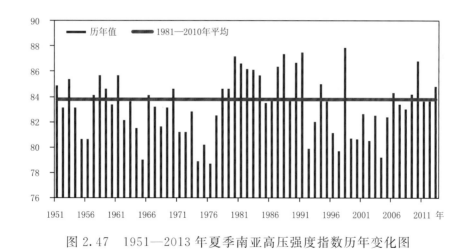

图2.47　1951—2013年夏季南亚高压强度指数历年变化图

（7）东亚副热带西风急流

2013年夏季，在对流层高层200 hPa纬向风场上，东亚副热带西风急流偏强、偏北，尤其东亚东部急流偏强的特征最为显著（图2.48）。东亚副热带西风急流强度指数为121.3，较常年（57.8）偏大63.5，东亚副热带西风急流核位于42.7°N，较常年（40.5°N）偏北2.2个纬度（图2.49和图2.50）。

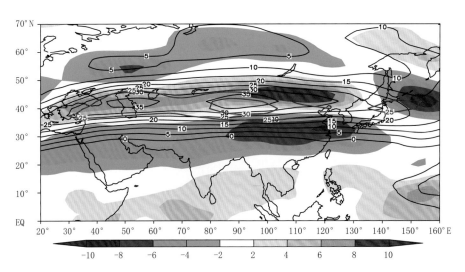

图 2.48　2013 年夏季 200 hPa 纬向风平均场（等值线）及距平场（彩色阴影）分布图
（单位：m/s）（红色等值线表示气候平均的 25 m/s 和 30 m/s 等值线，
近似代表东亚副热带急流中心气候平均的位置）

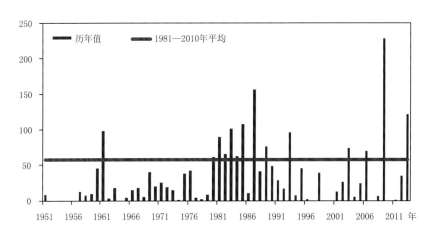

图 2.49　1951—2013 年夏季东亚副热带西风急流强度指数历年变化图

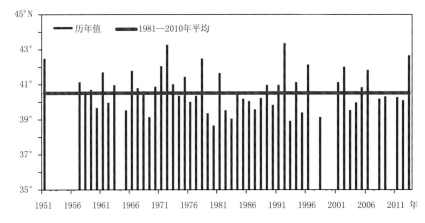

图 2.50　1951—2013 年夏季东亚副热带西风急流核经向位置历年变化图

2.5　东亚热带夏季风

2.5.1　热带季风推进过程

气候意义下,亚洲热带夏季风最早于4月底(24候)在赤道东印度洋和苏门答腊地区建立,然后分别向东北和西北推进。5月第2候(26候),热带夏季风在孟加拉湾东部及中印半岛地区建立,从而标志着该地热带夏季风的暴发。至5月第4～5候(28～29候),热带夏季风向东北推进到南海中部,南海夏季风的暴发。6月第1～2候(31～32候),来自印度西海岸和孟加拉湾的两支热带夏季风在印度半岛中部汇合,标志着印度季风的暴发。而在东亚大陆地区,热带夏季风已于6月第1～2候推进到长江流域及其以南地区,这标志着东亚季风的第一次北推以及长江流域梅雨雨季的来临(图2.51上)。

2013年亚洲热带夏季风首先在5月初在苏门答腊岛及中南半岛附近暴发。之后,一支逐步向西北方向推进至印度半岛,一支由苏门答腊向南海及西北太平洋地区推进,另一支从中南半岛向东北方向推进,5月第2～3候(26～27候)时,到达我国南海地区,5月第6候(30候)左右,到达我国华南一带(图2.51下)。

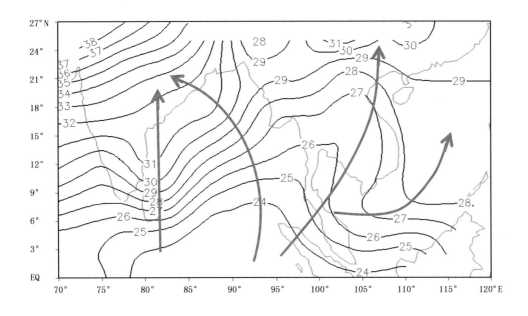

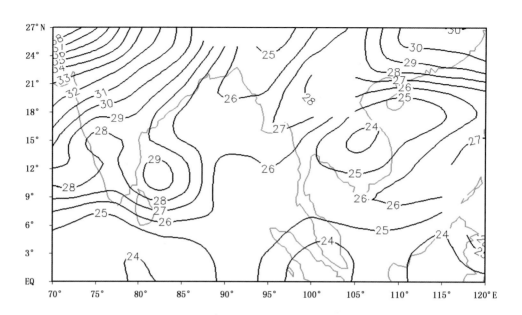

图 2.51 气候平均(上)及 2013 年(下)亚洲热带夏季风前沿推进示意图
(图中数字代表候值,蓝色箭头代表季风推进方向)

2.5.2 南海夏季风暴发

2013 年 5 月第 3 候,850 hPa 上,赤道印度洋西风加强东伸并北抬,南海地区为热带西南风控制,对流活动明显增强,西太副高撤出南海(图略)。同时,南海季风监测区(10°~20°N,110°~120°E)主要监测指标从 5 月第 3 候开始连续 3 候超过季风暴发时的临界值,即监测区内平均纬向风由偏东风转为偏西风、假相当位温大于 340 K(图 2.52)。

因此,2013 年南海夏季风于 5 月第 3 候暴发,较常年(5 月第 5 候)偏早 2 候(图 2.53)。

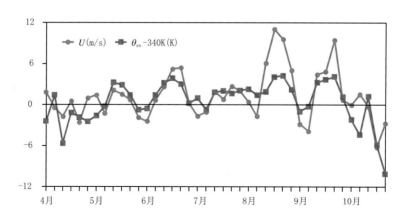

图 2.52 2013 年南海夏季风监测区 850 hPa 纬向风(单位:m/s)和
假相当位温(单位:K)逐候变化图

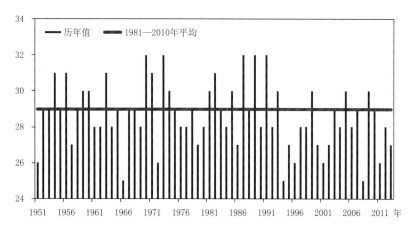

图 2.53　1951—2013 年南海夏季风暴发时间历年序列图(单位:候)

2.5.3　南海夏季风结束

2013 年 10 月第 4 候,850 hPa 上,索马里及 105°E 附近的越赤道气流及赤道印度洋的西风明显减弱,南海地区主要受较强的偏东风控制(图略)。同时,监测区内两个主要监测指标从这一候开始连续 2 候下降到临界值以下,即监测区内平均纬向风由偏西风转为偏东风、假相当位温小于 340 K(图 2.52)。

因此,2013 年南海夏季风于 10 月第 4 候结束,较常年(9 月第 6 候)偏晚 4 候,也是连续第 8 年结束偏晚(图 2.54)。

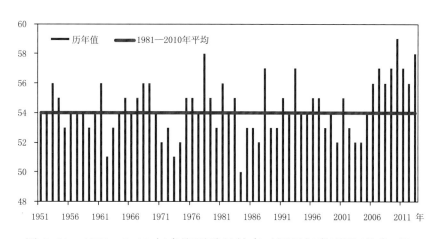

图 2.54　1951—2013 年南海夏季风结束时间历年序列图(单位:候)

2.5.4　南海夏季风强度

2013 年南海夏季风强度指数为-1.29,较常年偏弱(图 2.55)。

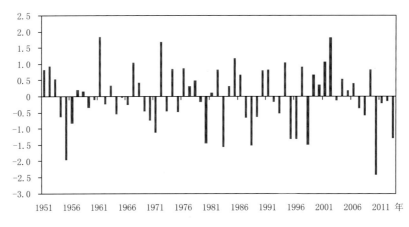

图 2.55　1951—2013 年南海夏季风强度指数历年变化图

2.6　东亚副热带夏季风

2.6.1　东亚副热带夏季风推进过程

2013 年 6 月以前,东亚副热带夏季风主要维持在我国华南至江南一带。此后,随东亚夏季风的向北推进,夏季风进一步向北扩张,7 月中下旬抵达华北、东北一带。8 月下旬起,季风开始南撤,9 月底已南撤至长江以南地区(图 2.56)。

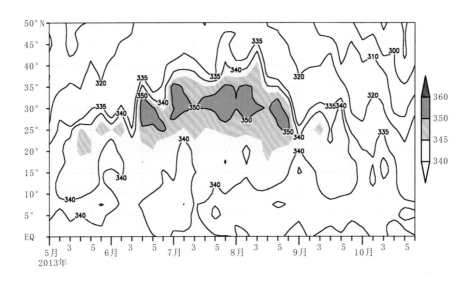

图 2.56　2013 年 110°～120°E 候平均假相当位温纬度—时间剖面图(单位:K)

2.6.2 东亚副热带夏季风强度

2013年东亚副热带夏季风偏弱,强度指数为－1.48(图2.57)。

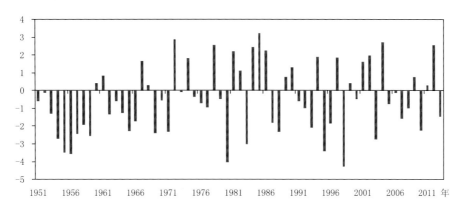

图2.57 1951—2013年东亚副热带夏季风强度指数历年变化图

2.7 低频振荡

2013年夏季,30～60天大气季节内振荡(ISO)纬向传播较为活跃。4月印度洋地区的ISO向东传播,5月上旬,西太平洋的ISO开始向西传播,两者在5月中旬左右传播到南海,有助于南海夏季风暴发。9月以后,南海地区的ISO分别向西太平洋东传和向孟加拉湾地区西传(图2.58)。

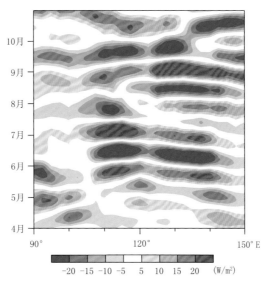

图2.58 2013年10°～20°N范围平均的30～60天滤波OLR经度—时间演变剖面图

2013年夏季,ISO的经向传播也较为明显。南海夏季风暴发以后,ISO由南海地区不断向北传播,在7月和8月到达40°N左右,对应华北雨季。9月开始,ISO开始转为向南传播,雨带随之南撤(图2.59)。

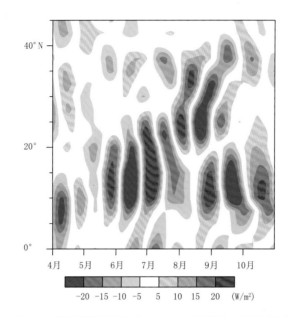

图 2.59　2013 年 110°～120°E 范围平均的 30～60 天滤波 OLR 纬度—时间演变剖面图

第3章 中国雨季

2013年我国东部雨带进程明显受到季节内振荡的调制。华南前汛期3月28日开始，较常年偏早，7月4日结束，接近常年，前汛期总降水量为778.6 mm，较常年偏多。西南雨季5月15日开始，较常年偏早，10月19日结束，较常年偏晚，雨季总降水量为831.2 mm，比常年略偏少。中国梅雨各气候区中，江南梅雨6月6日入梅，7月1日出梅，均较常年偏早，梅雨量为282.5 mm，较常年偏少。长江中游和长江下游梅雨，分别于6月20日和6月23日入梅，均较常年偏晚，于7月1日和6月30日出梅，均较常年偏早，梅雨量也均偏少。江淮地区为空梅。华北雨季于7月9日开始，8月13日结束，均较常年偏早，雨季总降水量为205.9 mm，比常年偏多。华西秋雨季开始于8月31日，较常年偏早，11月6日结束，较常年偏晚，秋雨量为258.8 mm，较常年偏多。

3.1 中国东部雨带演变

我国东部雨带的推进，与东亚季风的推进过程密切相关（图3.1）。2013年4月中旬以前，主雨带位于我国华南一带，而后逐步向北推进，5月中旬推进到江南一带。6月初—7月初主要位于江淮一带。7月上旬开始，华北地区出现明显的降水。7月下旬，雨带再次向北推进，其北缘在8月初到达东北的中南部一带。8月下旬起，随着夏季风的南撤，雨带开始南撤，到9月中下旬以后，回落到我国华南一带。

另外，我国东部雨带的推进及强度变化与低频降水（30~60天）活动也有一定关系。如5月上中旬、6月下旬到7月中旬期间，低频降水自华南向北传播到黄淮、华北一带，正好对应了上述地区降水的增强过程。而8月中旬以后，伴随低频降水的南撤，东部雨带撤退到华南一带。

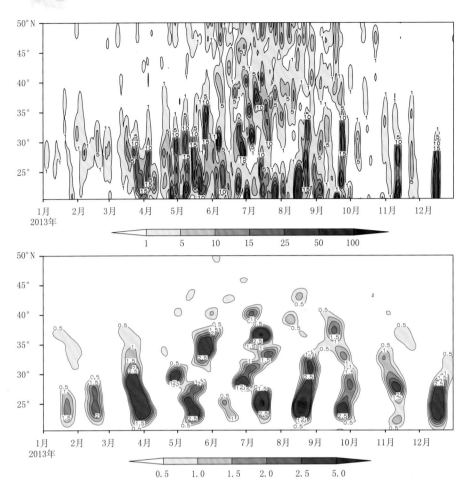

图 3.1　2013 年我国东部(110°~120°E)日平均降雨量(上)和
30~60 天(下)低频降水纬度—时间剖面图(单位:mm)

3.2　华南前汛期

我国华南地区属副热带季风气候区,是我国降水最多、汛期持续时间最长的地区之一。4—10 月为华南地区的降水集中期,其中,4—6 月被称为华南前汛期。华南前汛期是东亚副热带地区雨带向我国大陆推进的第一个标志性阶段,具有降水集中、雨量大、易引发暴雨洪涝灾害的特点。

3.2.1　华南前汛期总体特征

根据华南前汛期监测业务规范(见附录 A),2013 年华南前汛期开始于 3 月 28 日,较常年(4 月 5 日)偏早 8 天入汛,结束于 7 月 4 日,较常年(7 月 3 日)偏晚 1 天结束。华南前汛期总降水量为 778.6 mm,较常年(714.4 mm)偏多 9.0%(图 3.2)。

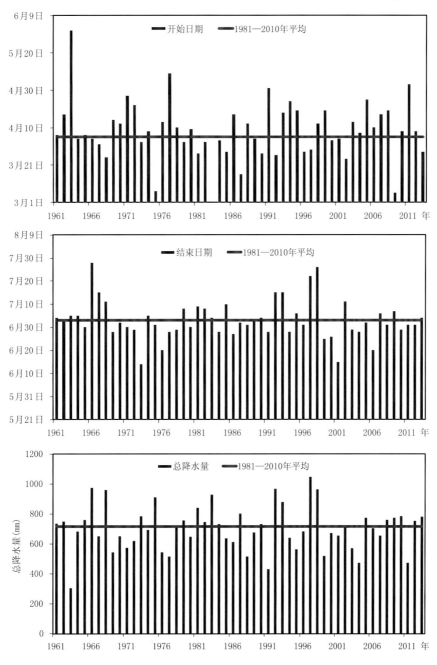

图 3.2　1961—2013 年华南前汛期开始时间(上)、结束时间(中)
及汛期总降水量(下)历年变化图

3.2.2　环流特征

(1)华南前汛期开始前

2013 年华南前汛期开始前(3 月 23—27 日,图 3.3),500 hPa 高度及距平场上,欧亚中高纬地区环流为"北低南高"分布。在 850 hPa 风场距平场上,我国东北及其以北地区处于异常低涡系统控制下,不断有冷空气南下影响我国。在南海地区受气旋性异常环流控制,不利于水汽向华南地区输送。

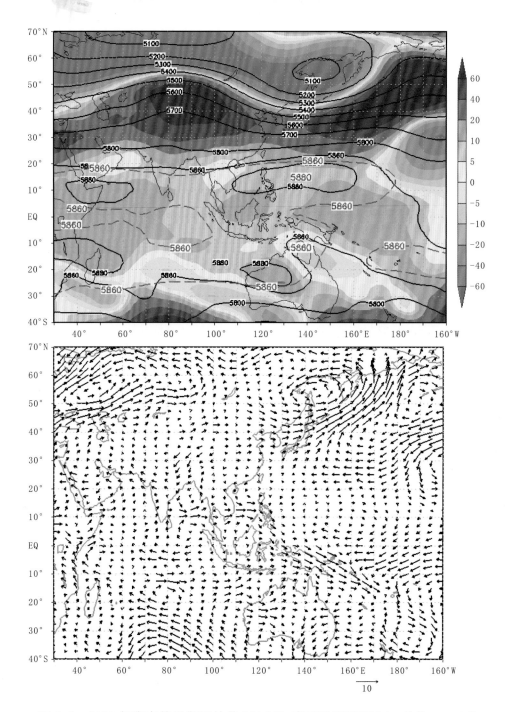

图 3.3　2013 年华南前汛期开始前 500 hPa 高度及距平场（上，单位：gpm）和
850 hPa 风场距平（下，单位：m/s）分布图

　　（2）华南前汛期内

　　2013 年华南前汛期内（3 月 28 日—7 月 4 日，图 3.4），500 hPa 高度及距平场上，欧亚中高纬地区为"两脊一槽"、"西高东低"型分布。乌拉尔山及鄂霍次克海上高压脊发展，而贝加尔湖至我国东北地区处于高空槽控制下，同时中低纬度地区南支槽明显。在 850 hPa风场距平场上，孟加拉湾附近的异常西南气流向我国华南输送水汽。

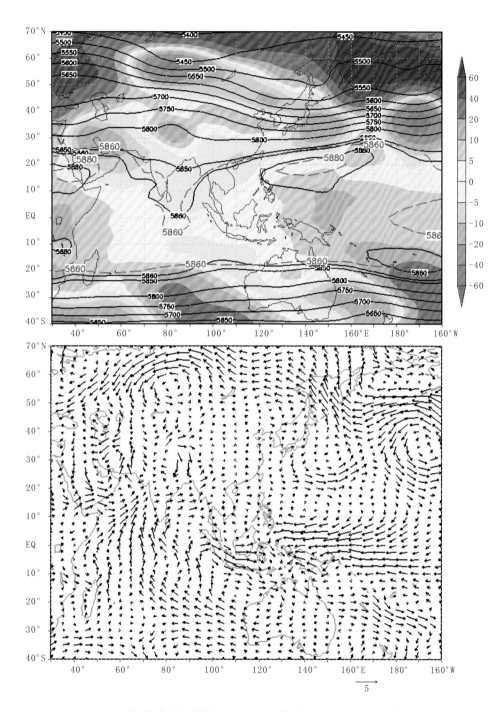

图 3.4 2013 年华南前汛期内 500 hPa 高度及距平场(上,单位:gpm)和
850 hPa 风场距平(下,单位:m/s)分布图

(3)华南前汛期结束后

2013 年华南前汛期结束后(7 月 5—9 日,图 3.5),500 hPa 高度及距平场上,欧亚中高
纬地区两脊一槽形势明显得到加强,同时副高明显西伸、北抬,华南一带处于副高控制下。
850 hPa 风场距平场上,上述特征也有体现。

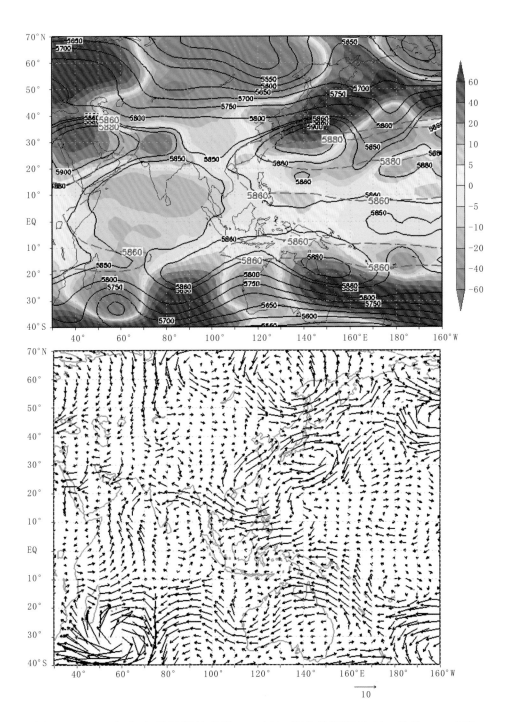

图 3.5　2013 年华南前汛期结束后 500 hPa 高度及距平场(上,单位:gpm)和
850 hPa 风场距平(下,单位:m/s)分布图

3.3 西南雨季

我国西南地处低纬高原地区,位于青藏高原向东延伸的部位,受亚洲季风的影响比较明显,干湿季节相当分明。5—10月是西南地区湿季,受西南夏季风和东亚夏季风的交替影响,水汽充沛,降水比较集中,大部分地区湿季的降水占年总降水量的80%以上,而11月—次年4月是干季,受西风带气流影响,气候干燥,降水稀少。

3.3.1 西南雨季总体特征

根据西南雨季监测业务规范(见附录A),2013年西南雨季开始于5月15日,较常年(5月26日)偏早11天,结束于10月19日,比常年(10月14日)偏晚5天。2013年西南雨季期间,西南地区总降水量为831.2 mm,比常年(848.8 mm)偏少2.1%(图3.6)。

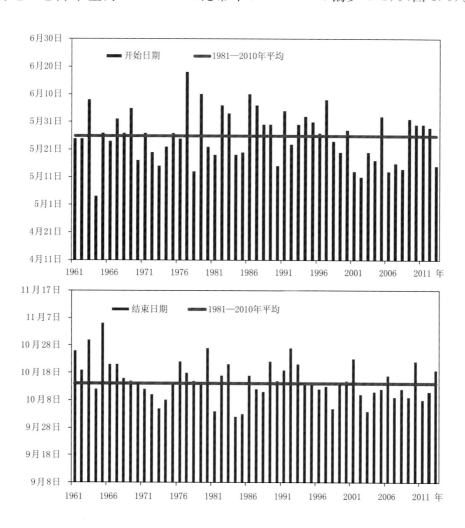

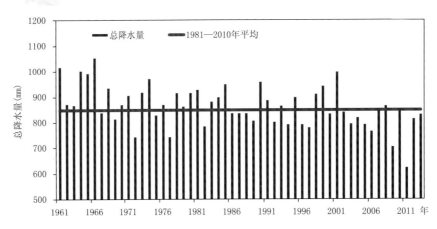

图 3.6　1961—2013 年西南雨季开始时间(上)、结束时间(中)及雨季总降水量(下)历年变化图

3.3.2　环流特征

(1)西南雨季开始前

2013 年西南雨季开始前(5 月第 2 候,图 3.7),850 hPa 风场距平场上,索马里越赤道气流不活跃,热带印度洋西风偏弱,西南地区主要受到印度洋大陆北部中纬度西风的影响。同时,受我国东部气旋性异常环流的影响,西南地区还受到北风异常的影响。在 500 hPa 高度及距平场上,欧亚中高纬度地区为"西低东高"异常分布,乌拉尔山处于高空槽控制下,而贝加尔湖一带为高压脊控制下,同时西南一带处于高空冷槽的控制下。在 100 hPa 高度及距平场上,南亚高压特征不明显。

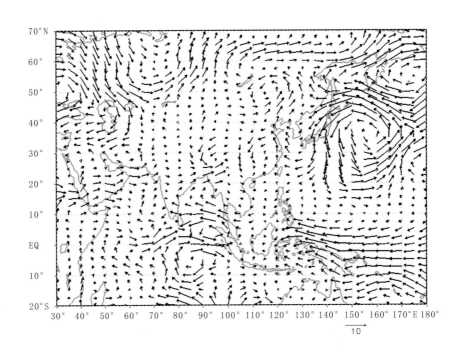

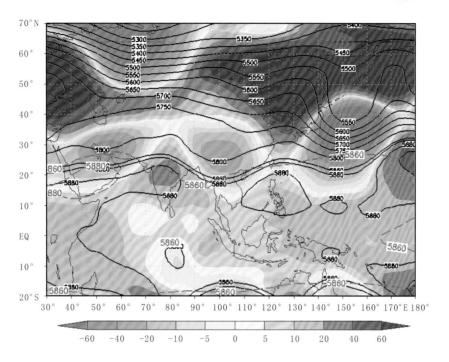

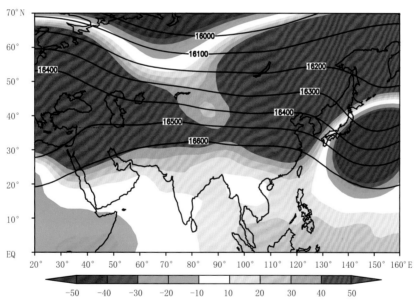

图 3.7 2013 年西南雨季开始前 850 hPa 风场距平(上,单位:m/s)、500 hPa(中,单位:gpm)和
100 hPa(下,单位:gpm)高度及距平场分布图

(2)西南雨季开始后

2013 年西南雨季开始后(5 月第 4 候,图 3.8),850 hPa 风场距平场上,索马里急流明显偏强,热带印度洋西南季风开始活跃,印度洋上空的反气旋异常环流将暖湿水汽输送到我国西南一带。与此同时,中纬度地区西风分支后,冷空气沿高原东侧南下西南地区。500 hPa 高度及距平场上,贝加尔湖一带横槽发展,有利于引导冷空气南下影响西南地区,印缅槽也较前期明显加深。100 hPa 高度及距平场上,南亚高压迅速建立,其主体控制了整个南亚大陆地区。

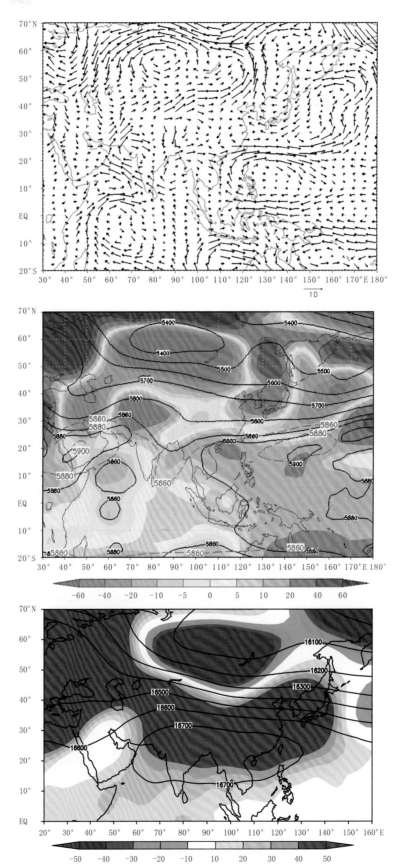

图 3.8　2013 年西南雨季开始后 850 hPa 风场距平(上,单位:m/s)、500 hPa(中,单位:gpm)和
100 hPa(下,单位:gpm)高度及距平场分布图

（3）西南雨季结束后

2013年西南雨季结束后（10月21—25日，图3.9），850 hPa风场距平场上，西南季风明显西退至印度半岛西部一带，而受到活跃在西北太平洋的气旋性异常环流影响，异常偏北风控制了我国西南及华南一带。500 hPa高度及距平场上，西南地区处于高空脊的控制下。100 hPa高度及距平场上，南亚高压减弱南移至中南半岛一带。

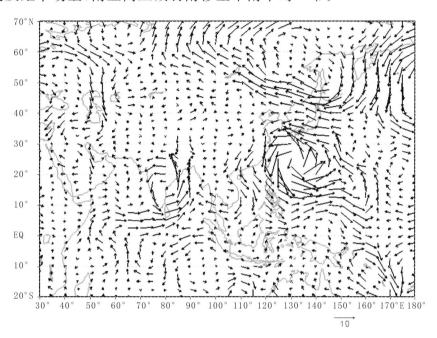

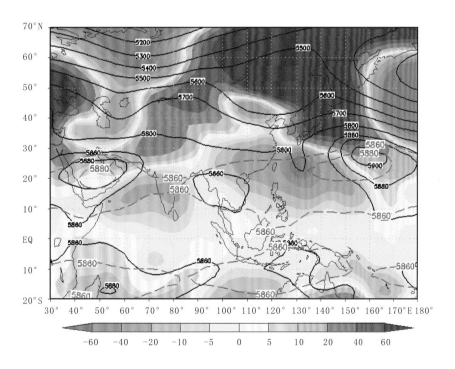

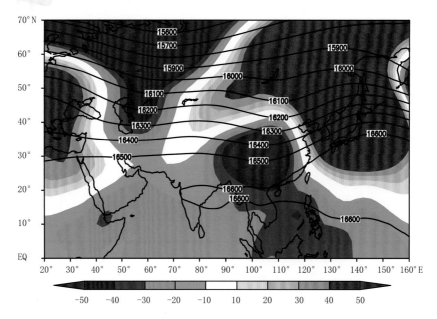

图 3.9　2013 年西南雨季结束后 850 hPa 风场距平(上,单位:m/s)、500 hPa(中,单位:gpm)和
100 hPa(下,单位:gpm)高度及距平场分布图

3.4　中国梅雨

梅雨是指初夏时节从中国江淮流域到日本一带雨期较长的连阴雨天气,期间暴雨强降水过程频繁,雨淅沥沥地下个不停,多雨易生霉,谓之"霉雨",又因此时正是江南梅子成熟的季节,所以"梅雨"又称为"黄梅雨"。这个时期江淮流域在气候上有着雨量大、日照时数少、高温高湿、风力较小等特点。

3.4.1　梅雨总体特征

按照梅雨监测业务规范(见附录 A),2013 年江南梅雨 6 月 6 日入梅,较常年偏早 2 天,7 月 1 日出梅,较常年偏早 7 天,梅雨量为 282.5 mm,较常年偏少 22.5%;长江中游和长江下游梅雨均不典型,入梅时间分别为 6 月 20 日和 6 月 23 日,分别较常年偏晚 5 天和 4 天,出梅日期较常年分别偏早 13 天和 12 天,梅雨量分别偏少 57.9% 和 58.3%;江淮地区出现自 1951 年有监测记录以来继 1958 年、1966 年、1988 年、2009 年后的第 5 个空梅年(表 3.1)。

因此,2013 年梅雨总的气候特征为梅雨量少,梅雨不显著、不典型。

3.4.2　环流特征

(1)梅雨季节开始前

2013 年梅雨季节开始前(6 月 1—5 日,图 3.10),500 hPa 高度及距平场上,副热带高压(以 5880 线为代表)异常偏西、偏北,江南一带处于高空脊的控制下。与此同时,西伯利亚平原西部维持着一宽广的横槽。850 hPa 风场距平场上,南海—江南一带处于反气旋性异常环流的影响下。

表 3.1 梅雨气候分区气候特征及 2013 年梅雨监测概况

类 别	区 域	入梅时间	出梅时间	梅雨期(天)	梅雨量(mm)
气候平均	Ⅰ型(江 南)	6月8日	7月8日	30	364.7
	Ⅱₐ(长江中游)	6月15日	7月14日	29	303.2
	Ⅱᵦ(长江下游)	6月19日	7月12日	23	250.6
	Ⅲ型(江 淮)	6月21日	7月15日	24	253.6
2013年	Ⅰ型(江 南)	6月6日	7月1日	25	282.5(−22.5%)
	Ⅱₐ(长江中游)	6月20日	7月1日	11	127.5(−57.9%)
	Ⅱᵦ(长江下游)	6月23日	6月30日	7	104.4(−58.3%)
	Ⅲ型(江 淮)	空梅	空梅	空梅	空梅

注:梅雨量括号中数值为梅雨降水距平百分率。

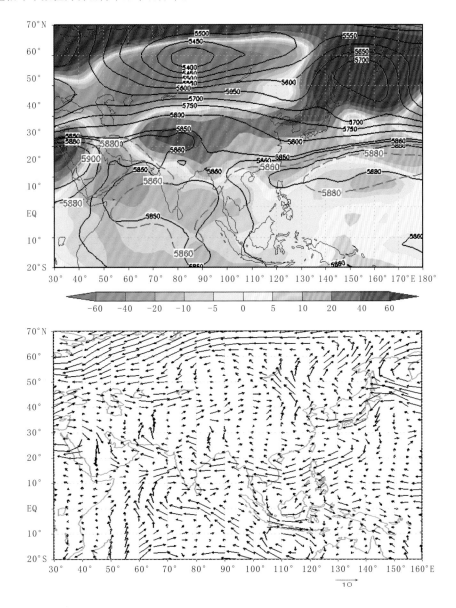

图 3.10 2013年梅雨季节开始前 500 hPa 高度及距平场(上,单位:gpm)和
850 hPa 风场距平(下,单位:m/s)分布图

（2）梅雨季节开始后

2013年梅雨季节开始后（6月6—10日，图3.11），500 hPa高度及距平场上，贝加尔湖以西的高空脊发展，原先位于贝加尔湖上空的横槽加深，西太平洋副热带高压迅速东撤，我国江南一带处于高空槽的控制下。850 hPa风场距平场上，江南一带处于气旋性异常环流控制下，促使江南梅雨发展。

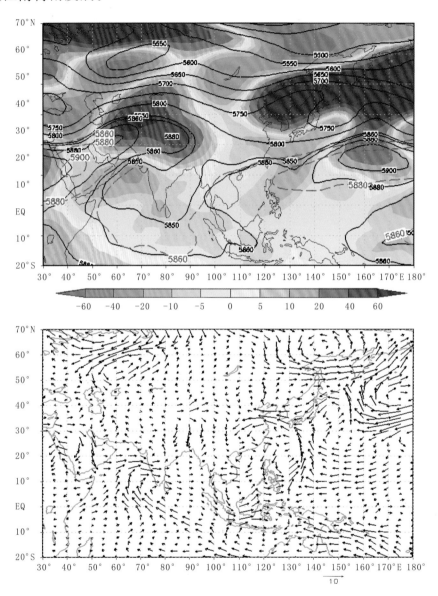

图3.11 2013年梅雨季节开始后500 hPa高度及距平场（上，单位：gpm）和850 hPa风场距平（下，单位：m/s）分布图

（3）梅雨季节结束后

2013年梅雨季节结束后（7月2—6日，图3.12），500 hPa高度及距平场上，贝加尔湖上空横槽向东发展，其南侧的高空脊迅速东伸，同时副热带高压进一步西伸、北抬，控制了江淮、江南至华南一带。850 hPa风场距平场上，江南一带处于异常反气旋性环流的控制下。

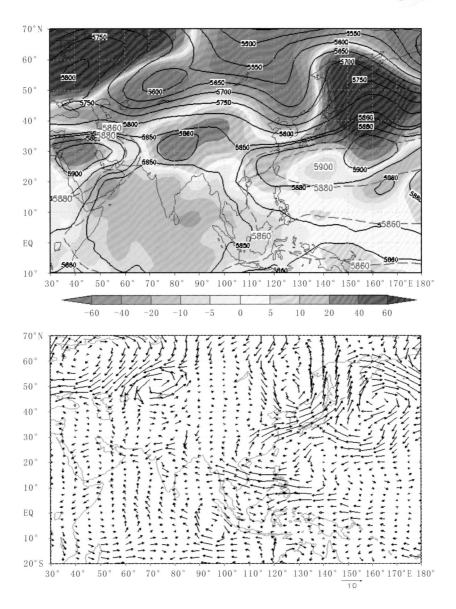

图 3.12 2013 年梅雨季节结束后 500 hPa 高度及距平场(上,单位:gpm)和
850 hPa 风场距平(下,单位:m/s)分布图

3.5 华北雨季

每年 7 月上中旬—8 月上中旬,受东亚夏季风向北推进影响,这一时期华北地区是一年当中降水最活跃时期,平均降雨量一般可占到夏季平均降雨量的 50% 左右。华北雨季期间降水多为对流性降雨,强度大,分布极为不均,并伴随雷电大风等天气,有时也会出现冰雹。另外,受季风气候影响,华北雨季长度年际变化大,强弱变化差异显著。

3.5.1 华北雨季总体特征

根据国家气候中心华北雨季监测标准(试行,见附录 A),2013 年华北雨季开始于 7 月 9 日,结束于 8 月 13 日,雨季长度为 35 天,雨季开始时间较常年偏早 12 天,结束时间较常年偏早 4 天,雨季长度偏长 8 天。雨季内,华北地区平均降水量为 205.9 mm,比常年(154.1 mm)偏多 33.6%(图 3.13)。

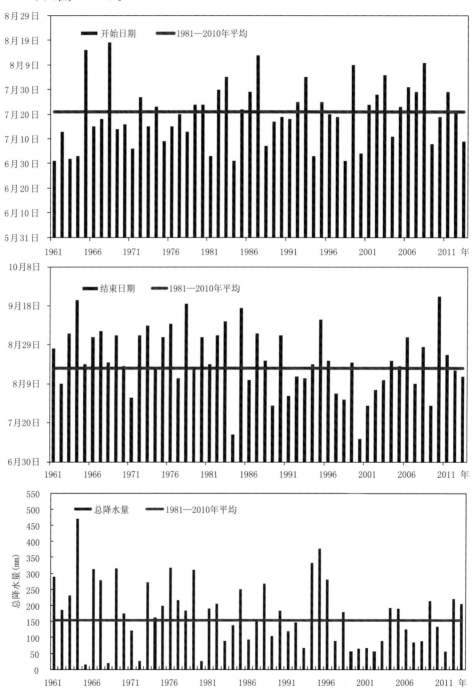

图 3.13 1961—2013 年华北雨季开始时间(上)、结束时间(中)
及雨季总降水量(下)历年变化图

3.5.2 环流特征

（1）华北雨季开始前

2013年华北雨季开始前（6月1日—7月8日，图3.14），500 hPa高度及距平场上，欧亚中高纬地区为"两脊一槽"、"北低南高"异常分布，我国华北一带高度场明显偏高。在850 hPa风场距平场上，我国江南东部及其东部海域为反气旋性环流控制，该反气旋西侧的偏南风控制着华北一带。

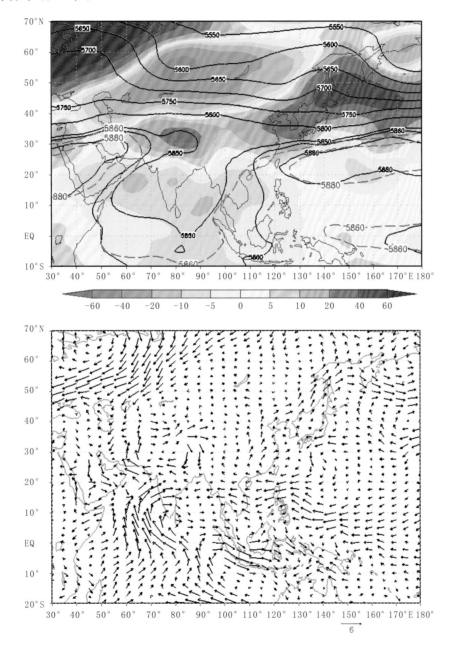

图3.14 2013年华北雨季开始前500 hPa高度及距平场（上，单位：gpm）和
850 hPa风场距平（下，单位：m/s）分布图

（2）华北雨季开始后

2013年华北雨季开始后（7月9日—8月12日,图3.15）,500 hPa 高度及距平场上,欧亚中高纬大气环流明显调整,贝加尔湖附近横槽向南发展,华北北部处于高空槽的控制下,同期西太平洋副高加强西伸和北抬,冷暖空气汇聚在华北地区。850 hPa 风场距平场上,西北太平洋地区为异常反气旋环流所控制,将水汽向我国北方地区进行输送。

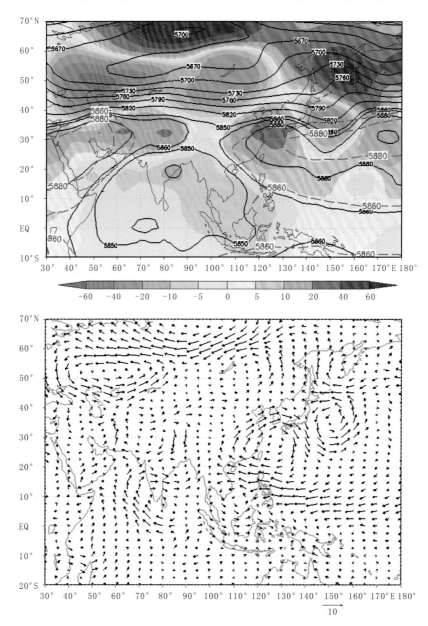

图3.15 2013年华北雨季开始后500 hPa 高度及距平场（上,单位:gpm）和
850 hPa 风场距平（下,单位:m/s）分布图

（3）华北雨季结束后

2013年华北雨季结束后（8月13—31日,图3.16）,500 hPa 高度及距平场上,乌拉尔山至我国华北一带处于高空脊的控制下。同时,副高明显西伸,其5860等高线控制了我国西北、华北大部。由于副高的西伸发展,850 hPa 风场距平场上,自西太平洋向华北的水汽输

送通道被阻断。

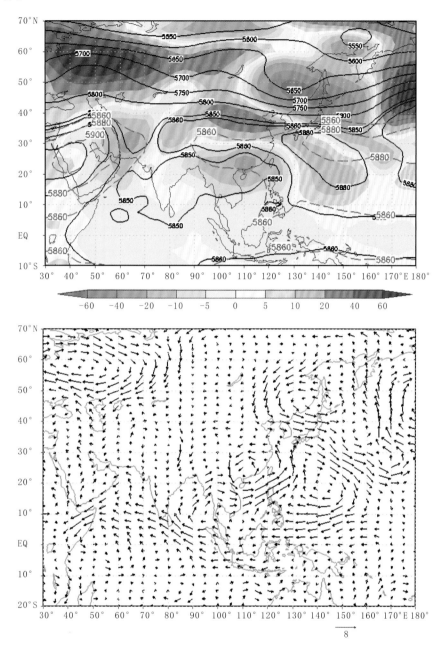

图 3.16　2013 年华北雨季结束后 500 hPa 高度及距平场(上，单位:gpm)和
850 hPa 风场距平(下，单位:m/s)分布图

3.6　华西秋雨

　　华西秋雨是我国华西地区特有的雨季。它主要出现在四川、重庆、贵州、甘肃东部和南部、陕西关中和陕南、湖南西部、湖北西部一带。华西秋雨以绵绵细雨为主，持续的阴雨寡照，给当地的农业生产和人民生活带来了一定的不利影响。华西秋雨的降水量虽然少于夏

季,但持续的降水也容易引发秋汛,直接关系到工农业生产和人民生命财产安全。

3.6.1　华西秋雨总体特征

　　根据国家气候中心华西秋雨监测技术标准(试行,附录 A),2013 年华西秋雨开始于 8 月 31 日,较常年(9 月 12 日)偏早 13 天,11 月 6 日结束,较常年(11 月 2 日)偏晚 4 天。雨季长度为 67 天,较常年(51 天)相比,偏长 16 天。秋雨量为 258.8 mm,较常年(230.0 mm)偏多 12.5%(图 3.17)。

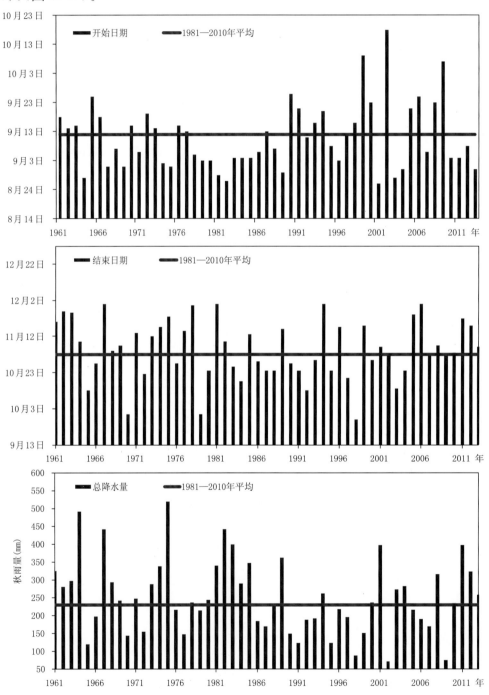

图 3.17　1961—2013 年华西秋雨开始时间(上)、结束时间(中)及秋雨量(下)历年变化图

3.6.2 环流特征

(1)华西秋雨开始前

2013年华西秋雨开始前(8月26—30日,图3.18),500 hPa高度及距平场上,欧亚中高纬呈现"两槽两脊"特征,贝加尔湖向南至我国华西一带上空为高压脊所控制,同时副高外围(5860线)西伸控制了我国华西一带。850 hPa风场距平场上,受到我国东北附近冷涡活动的影响,我国中东部基本处于异常偏北风的控制下,并且从印度洋到西北太平洋一带均处于异常反气旋环流的控制下。

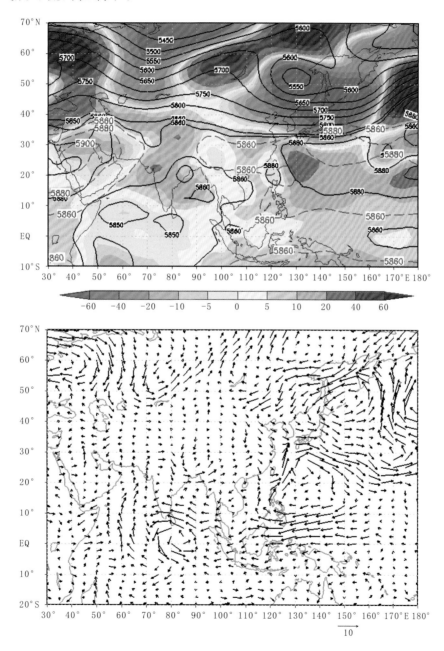

图3.18 2013年华西秋雨开始前500 hPa高度及距平场(上,单位:gpm)和
850 hPa风场距平(下,单位:m/s)分布图

（2）华西秋雨开始后

2013年华西秋雨开始后（8月31日—9月2日，图3.19），500 hPa 高度及距平场上，巴尔喀什湖和贝加尔湖之间为高空脊。受其影响，850 hPa 风场距平场上，我国新疆至西北地区北风异常活跃。同时，西太平洋副热带高压西北侧的西南暖湿气流为华西地区带来充沛的水汽，使得冷暖气流在华西地区交汇。

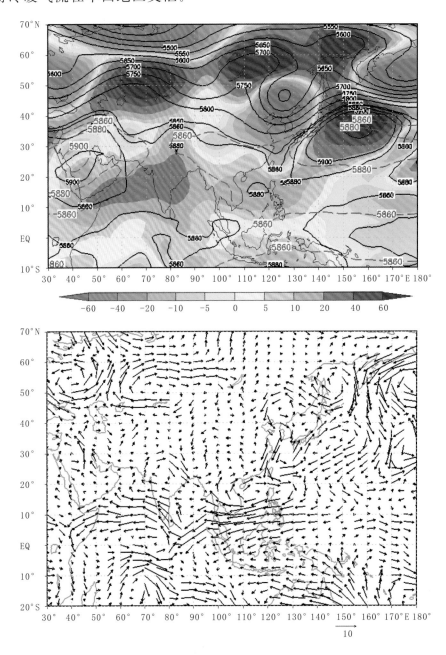

图3.19　2013年华西秋雨开始后 500 hPa 高度及距平场（上，单位：gpm）和
850 hPa 风场距平（下，单位：m/s）分布图

（3）华西秋雨结束后

2013年华西秋雨结束后（11月6—17日，图3.20），500 hPa 高度及距平场上，西太平洋副热带高压位置偏西，不利于低纬的暖湿空气向北输送。同时，我国南方地区受正高度距

平控制,切断了源自印度洋经孟加拉湾向南输送到我国华西的水汽供应。850 hPa 风场距平场上,源自印度洋经孟加拉湾的西南气流明显偏弱。另一方面,冷空气活动路径偏东、偏北,影响我国华西地区的冷空气活动偏弱,致使我国华西地区的降水逐渐减弱。

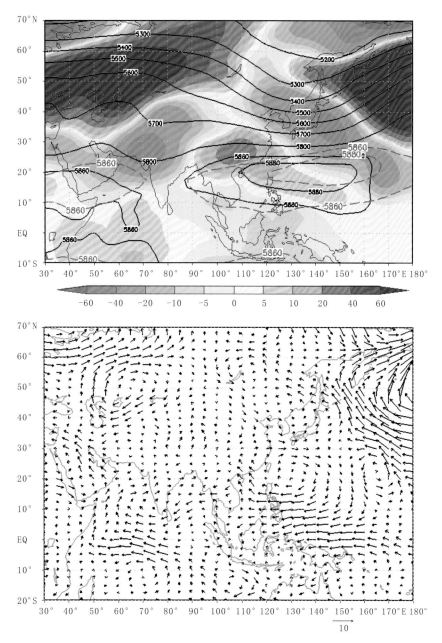

图 3.20　2013 年华西秋雨结束后 500 hPa 高度及距平场(上,单位:gpm)和
850 hPa 风场距平(下,单位:m/s)分布图

3.7　中国雨季总体概况

综合以上分析,2013 年中国雨季总体概况见表 3.2。

表 3.2   2013 年中国雨季概况信息表

		开始—结束时间	总雨量(mm)
	华南前汛期	2013 年 3 月 28 日—7 月 4 日	778.0(偏多 9.0%)
	西南雨季	2013 年 5 月 15 日—10 月 19 日	831.2(偏少 2.1%)
梅雨	江南	2013 年 6 月 6 日—7 月 1 日	282.5(偏少 22.5%)
	长江中游	2013 年 6 月 20 日—7 月 1 日	127.5(偏少 57.9%)
	长江下游	2013 年 6 月 23—30 日	104.4(偏少 58.3%)
	江淮	空梅	空梅
	华北雨季	2013 年 7 月 9 日—8 月 13 日	205.9(偏多 33.6%)
	华西秋雨	2013 年 8 月 31 日—11 月 6 日	258.78(偏多 12.5%)

附录 A 资料和指标说明

A1 资料

全球地面逐月平均气温、降水量资料来自国家气象信息中心和美国国家气候资料中心,共 3285 个观测站,多年平均基准为 1981—2010 年。

中国地面逐月平均气温、降水量资料来自国家气象信息中心,共 2415 个观测站,多年平均基准期为 1981—2010 年。

中国极端事件指标监测使用的逐日资料来自国家气象信息中心,从全国 2415 个气象站中选取时间序列至少有 40 年、分布较为均匀的 2385 个站点,观测要素包括平均气温、最高气温、最低气温及日降水量,多年平均基准期为 1981—2010 年。

大气环流资料来自美国国家环境预测中心,多年平均基准期为 1981—2010 年。

向外射出长波辐射(OLR)资料来自美国国家海洋大气局,网格点距为 2.5°×2.5°,多年平均基准期为 1981—2010 年。

海表温度(SST)实时和历史资料来自美国国家海洋大气局,网格点距为 1°×1°,多年平均基准期为 1981—2010 年(Reynolds 等,2002)。

北半球积雪资料为美国国家海洋大气局卫星监测的北半球逐周积雪覆盖数据,来自美国罗格斯大学气候实验室,多年平均基准期为 1981—2010 年。

南、北极海冰密集度资料来自美国国家海洋大气局,分辨率为 1°×1°,多年平均基准期为 1982—2010 年。

A2 监测指标说明

A2.1 极端事件监测指标

中国极端事件监测使用历史极值、百分位阈值等方法定义的指标进行监测,具体指标定义方法说明如下。

历史极值:某指标历史序列的极大或极小值,要求该历史序列从建站到统计截止时间至少有 30 年。

极端事件:对某指标的样本序列从小到大进行排位,定义超过该序列第 95 百分位值为极端多事件,低(少)于第 5 百分位值为极端少事件。样本序列由该指标在多年平均基准期30 年(1981—2010 年)内每年的极大值和次大值共 60 个样本组成。

极端强降水事件:某日降水量大于日降水量样本序列的第 95 百分位值。

极端高温事件:某日最高气温大于日最高气温样本序列第 95 百分位值。

极端低温事件:某日最低气温小于日最低气温样本序列第 5 百分位值,且该日最低气温$\leqslant 4℃$(寒潮标准)。

站次数:某观测站出现极端事件的次数。

A2.2　北半球中高纬阻塞高压指数

对每个经度,南 500 hPa 高度梯度(GHGS)和北 500 hPa 高度梯度(GHGN)计算如下:

$$GHGS = \frac{Z(\varphi_0) - Z(\varphi_s)}{\varphi_0 - \varphi_s}$$

$$GHGN = \frac{Z(\varphi_n) - Z(\varphi_0)}{\varphi_n - \varphi_0}$$

式中,$\varphi_n = 80°N + \delta, \varphi_0 = 60°N + \delta, \varphi_s = 40°N + \delta, \delta = -5°, 0°, 5°$。

对某时某经度任意一个 δ 值,如果条件满足:

(1)GHGS>0

(2)GHGN<$-$10 gpm/纬度

则诊断为该时该经度有阻塞,阻塞指数为 GHGS。当有两个以上的 δ 值同时满足(1)和(2)两个条件时,则取 GHGS 值大者为阻塞指数。因为阻高有一段持续的时间,在计算GHGS 和 GHGN 之前,先对 500 hPa 高度场做 5 天的滑动平均,把有充分持续时间的阻高分离出来。

阻塞高压的定义和计算方法见参考文献(李威等,2007;Lejenas 等,1983;Tibaldi 等,1990)。

A2.3　西北太平洋热带辐合带(ITCZ)强度指数

夏季 $120°\sim150°E, 5°\sim20°N$ 范围内 OLR 的平均值作为夏季西北太平洋 ITCZ 的强度指数(曹西等,2013)。

A2.4　马斯克林高压指数

$35°\sim25°S, 40°\sim90°E$ 范围内的 SLP 面积加权平均值。

A2.5　澳大利亚高压指数

$35°\sim25°S, 120°\sim150°E$ 范围内的 SLP 面积加权平均值。

A2.6 越赤道气流

索马里越赤道气流:5°S～5°N,40°～50°E 范围内 850 hPa 经向风的面积加权平均值。

孟加拉湾越赤道气流:5°S～5°N,80°～90°E 范围内 850 hPa 经向风的面积加权平均值。

南海越赤道气流:5°S～5°N,100°～110°E 范围内 850 hPa 经向风的面积加权平均值。

菲律宾越赤道气流:5°S～5°N,120°～130°E 范围内 850 hPa 经向风的面积加权平均值。

A2.7 南亚高压

选取青藏高原及其周围地区(0°～55°N,0°～180°E)上空 100 hPa 东西风零线上位势高度最大处为主高压中心,定义高压中心的位势高度(减去 1600 gpm)为强度指数。

A2.8 东亚副热带西风急流指数

选取 90°～180°E,10°～60°N 范围内 200 hPa 高度上风速≥30 m/s 格点(连续区域)为副热带西风急流区,以急流区内风速与 30 m/s 的差值为权重,按下式计算急流位置指数:

$$I_{Lon} = \frac{1}{\sum_{i=1}^{n}(V_i - 30)} \sum_{i=1}^{n} \{(V_i - 30) \times Lon_i\} , \text{当} V_i \geqslant 30 \text{ m/s}$$

$$I_{Lat} = \frac{1}{\sum_{i=1}^{n}(V_i - 30)} \sum_{i=1}^{n} \{(V_i - 30) \times Lat_i\} , \text{当} V_i \geqslant 30 \text{ m/s}$$

式中,I_{Lon}、I_{Lat} 分别为急流经、纬度位置指数;V 为风速;Lon 和 Lat 分别为经度和纬度。

西风急流区累计风速(格点风速与 30 m/s 的差值)为副热带西风急流强度指数。

A2.9 北极涛动(AO)指数

北半球热带外(20°～90°N)1000 hPa 高度异常场(相对 1981—2010 年平均)经验正交函数分析(EOF)所得的第一模态的时间系数的标准化序列。

A2.10 南海季风监测指标

南海季风监测区选为:10°～20°N,110°～120°E。

南海夏季风起止时间的判定指标:以南海季风监测区内平均纬向风和假相当位温为监测指标,同时参考 200 hPa、850 hPa 和 500 hPa 位势高度场的演变。监测区内平均纬向风由东风稳定转为西风以及假相当位温稳定地>340 K 的时间为南海夏季风暴发时间。

南海夏季风强度逐候变化:以南海季风监测区内平均纬向风逐候变化和同时段气候平均值比较,考察南海夏季风强度的逐候变化。

年南海夏季风强度指数:南海夏季风暴发到结束期间纬向风强度累积值的标准化距平值为当年南海夏季风强度指数(多年平均基准期为 1981—2010 年)(朱艳峰,2005)。

A2.11 亚洲热带夏季风暴发指标

夏季风暴发与风向的转变、对流活动和强降水的发生是密不可分的,因此,这里综合考虑热力和动力因素，用 850 hPa 候平均的纬向风＞0 同时 OLR 满足≤230 W/m²，以及候平均降水＞6 mm 定义为亚洲热带夏季风暴发的临界值（柳艳菊等，2007）。

A2.12　东亚夏季风监测指标

采用张庆云等（2003）定义，即：将东亚热带季风槽区（10°～20°N，100°～150°E）与东亚副热带地区（25°～35°N，100°～150°E）6—8 月平均的 850 hPa 风场的纬向风距平差定义为东亚夏季风指数（I_{EASM}）：

$$I_{EASM} = U'_{850\ hPa(10°～20°N,100°～150°E)} - U'_{850\ hPa(25°～35°N,100°～150°E)}$$

利用该定义计算出逐年的东亚夏季风指数，将东亚夏季风指数≥2 m/s 的年份定义为强夏季风年，≤−2 m/s 的年份定义为弱夏季风年。

A2.13　东亚冬季风监测指标

取西伯利亚高压强度和东亚冬季风指数（朱艳峰，2008）为冬季风监测指标，其中前者代表冬季风在源地的强弱，后者是适用于描述中国大陆冬季气温变化的东亚冬季风指数。计算方法如下：

西伯利亚高压强度指数：选取西伯利亚高压气候平均位置（40°～60°N，80°～120°E），计算该区域冬季平均海平面气压值，并进行标准化。

东亚冬季风指数：北半球冬季 25°～35°N，80°～120°E 区域与 50°～60°N，80°～120°E 区域平均 500 hPa 纬向风距平差的标准化数值。

A2.14　华南前汛期监测指标

（1）华南前汛期开始时间

确定华南前汛期开始时间的主要依据是区域内监测站（图 A.1）的降水条件，具体方法如下：

①华南地区各省（区）前汛期开始条件：

广东、广西：3 月 1 日起，某监测站出现日降水量≥38.0 mm（大到暴雨级别降水）降水，则认为该站前汛期开始，该日为该监测站前汛期开始日；全省（区）累计前汛期开始站点达到省（区）内监测站点的 50%（或以上），且达到标准的当日及前 1 日（48 小时内）全省（区）共有 10% 以上站点的日降水量≥38.0 mm，则将该日作为本省（区）前汛期开始日期。

福建、海南：4 月 1 日起，某监测站出现日降水量≥38.0 mm（大到暴雨级别降水）降水，则认为该站前汛期开始，该日为该监测站前汛期开始日；全省累计前汛期开始站点达到省内监测站点的 50%（或以上），且达到标准的当日及前 1 日（48 小时内）全省共有 10% 以上站点的日降水量≥38.0 mm，则将该日作为本省前汛期开始日期。

②华南地区前汛期开始时间：

以广东、广西、福建、海南四省（区）中前汛期的最早开始日期作为华南前汛期开始日期。

（2）华南前汛期结束时间

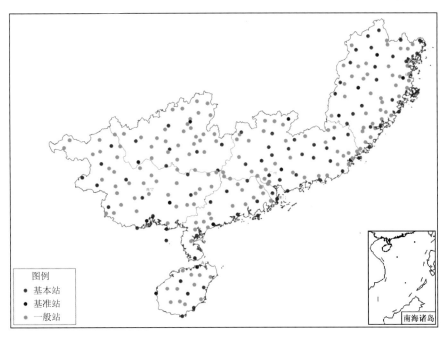

图 A.1 华南前汛期监测站点空间分布示意图

确定华南前汛期结束时间的主要依据是区域内大部分监测站的降水减弱或中断及西北太平洋副热带高压位置等条件。具体方法如下：

①自 6 月 1 日起，华南地区连续 5 天区域平均（监测区 261 个代表站平均）的日降水量 <7.0 mm。

②日降水量≥38.0 mm 的华南地区监测站点数连续 5 天少于总站数的 5%。

③连续 5 天西北太平洋副热带高压脊线位置维持在 22°N 以北。

满足上述 3 个条件后，以华南区域平均日降水量<7.0 mm 的第一天作为前汛期中断日，如果有若干个中断日，则以最接近 6 月 30 日的中断日作为华南前汛期结束日。

（3）华南前汛期长度

华南前汛期开始日至结束日的总天数为华南前汛期长度。

（4）华南前汛期总降水量

华南监测站前汛期降水量的区域平均值为华南前汛期总降水量。

A2.15 西南雨季监测指标

（1）单站雨季开始和结束日期的确定方法

鉴于西南区域气候差异较大，雨季开始和结束日期的监测主要采用单站标准进行监测，具体台站分布（图 A.2）和方法如下：

①雨季开始期判别条件：

自 4 月 21 日开始，任意 5 天滑动累计雨量（R_5）大于等于 5—10 月候雨量气候平均（$\overline{R}_{5-10}/36$）为止，即：

$$K_b = [R_5/(\overline{R}_{5-10}/36)] \geqslant 1$$

式中，$\overline{R}_{5-10}$ 为 5—10 月降水量气候平均值。则：

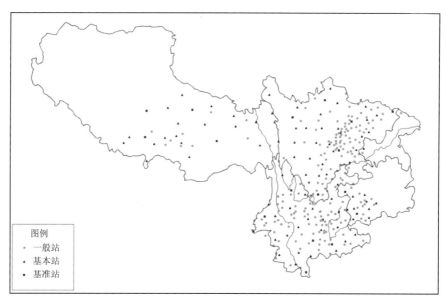

图 A.2　西南雨季监测区域及站点分布示意图

ⓐ在 $K_b \geqslant 1$ 的 5 天中雨量最大的一天确定为雨季开始待定日,在之后的 15 天内又出现 $K_b \geqslant 1$ 的情况,即将雨季开始待定日确定为雨季开始日,雨季开始日所在的候为雨季开始候。

ⓑ如果在之后的 15 天之内再未出现 $K_b \geqslant 1$ 的情况,则重复ⓐ的步骤,重新确定雨季开始待定日和雨季开始日。

ⓒ如果计算得到的雨季开始日期是 4 月 21 日,则逐日向前按ⓐ步骤推算符合雨季开始日期条件的日期。

②雨季结束期判别条件:

自 9 月 21 日开始,任意 5 天滑动累计雨量(R_5)小于等于 1—12 月候雨量气候平均($\overline{R}_{1-12}/72$)为止,即:

$$K_e = \left[R_5 / (\overline{R}_{1-12}/72) \right] \leqslant 1$$

式中,$\overline{R}_{1-12}$ 为年降水量气候平均值。则:

ⓐ在 $K_e \leqslant 1$ 的当天确定为雨季结束待定日,在之后的 15 天内未再出现 $K_e \geqslant 1$ 的情况,即将雨季结束待定日确定为雨季结束日,雨季结束日所在的候为雨季结束候。

ⓑ如果在之后的 15 天之内又出现 $K_e \geqslant 1$ 的情况,则重复ⓐ的步骤,重新确定雨季结束待定日期和雨季结束日期。

ⓒ如果计算得到的雨季结束日期是 9 月 21 日,则逐日向前按ⓐ步骤推算符合雨季结束日期条件的日期。

(注意:气候平均通常取最新 3 个整年代的平均值,如:在 2011—2020 年期间取 1981—2010 年 30 年作为气候平均。)

(2)区域雨季开始和结束日期的确定方法

根据单站雨季开始和结束日期的确定方法,西南区域内监测站点有 60% 达到雨季开始(结束)的日期,即为西南区域雨季开始(结束)的日期。

区域内某省(区、市)的监测站点 60% 达到雨季开始(结束)的日期,即为该省(区、市)雨季开始(结束)的日期。

(3)雨季长度

西南区域雨季开始日期至结束日期的总天数为西南区域雨季长度。区域内某省(区、市)雨季开始日期至结束日期的总天数为该省(区、市)雨季长度。

(4)雨季总降水量

西南区域雨季开始日期至结束日期时段内,区域内监测站点总降水量的平均值为西南区域雨季总降水量。各省(区、市)雨季开始日期至结束日期时段内,各省(区、市)监测站总降水量的平均值为各省(区、市)雨季总降水量。

A2.16　中国梅雨监测指标

按照气候类型将梅雨监测区域分为江南区(Ⅰ)、长江区(Ⅱ)、江淮区(Ⅲ);同时,考虑到长江中游与下游梅雨期降水的时空差异,将长江区细分为长江中游区(Ⅱ$_a$)和长江下游区(Ⅱ$_b$)。各气候分区的梅雨监测站点分别为:江南区 65 站、长江区 157 站(中游区 115 站、下游区 42 站)、江淮区 55 站(图 A.3)。以区域内各监测站的降水为主要条件,以西北太平洋副热带高压脊线位置、日平均气温、南海夏季风暴发时间等为辅助条件确定区域入(出)梅与梅雨期,具体方法是:

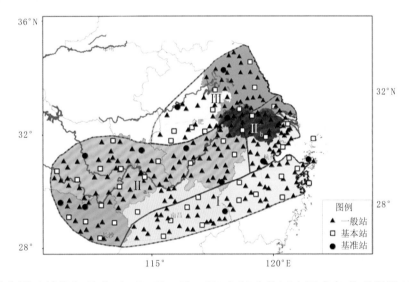

图 A.3　梅雨监测区域的气候分区(Ⅰ、Ⅱ$_a$、Ⅱ$_b$、Ⅲ)和行政分区中国家气象观测站(277 个)分布图

(1)入(出)梅降水条件

①雨日的确定:某日区域中有 1/3 以上监测站出现≥0.1 mm 的降水,且区域内日平均降水量≥R_d(mm),该日为一个雨日。其中,安徽江淮之间、江苏(长江以南和长江以北)、湖南和上海等地 R_d 取值为 1.0 mm,其他区域 R_d 取值均为 2.0 mm。

②雨期开端日的确定:从第 1 个雨日算起,往后 2 日、3 日、……、10 日中,雨日数占相应时段内总日数的比例≥50%,则第一个雨日为雨期开端日。

③雨期结束日的确定:从雨期的最后 1 个雨日算起,往前 2 日、3 日、……、10 日中,雨

日数占相应时段内总日数的比例≥50％,则最后一个雨日为雨期结束日。

对雨期异常长的情况,在雨期进入8月后第一个非雨日的前一天为雨期结束日;若此不能满足雨期结束日条件,则需要往前推算确定雨期结束日。

④雨期的确定:一个雨期需满足以下条件,任何连续10日的雨日比例≥40％、雨日数≥6天且没有连续5天(含5天)以上的非雨日、站平均降水强度≥5 mm/d。一个雨期长度为该雨期的开端日到结束日所经历的日数。

⑤入梅时间的确定:第一个雨期的开端日即为入梅日。

⑥出梅时间的确定:最后一个雨期结束日的次日即为出梅日。

⑦梅雨期的确定:梅雨期内可以出现有一个以上的雨期,梅雨期长度为入梅日到出梅日前一天的日数。

(2)梅雨期的其他条件

①梅雨一般发生在南海夏季风暴发之后,7月中旬之后不再有新的梅雨期开端日,梅雨期结束日出现在立秋之前。

②西北太平洋副热带高压脊线位置条件:梅雨期内,西北太平洋副热带高压脊线5天滑动的位置有1候超过北界位置2个纬度,且没有继续出现雨日,监测区域出现高温干热天气,该区域梅雨期则结束(副高脊线南北界位置见表A.1)。

表 A.1　梅雨期西北太平洋副热带高压脊线活动范围

区域选择	南界(°N)	北界(°N)	备注
浙江/江西	≥18	<25	江南区同(Ⅰ)
湖南/上海/湖北 安徽南部/江苏长江以南	≥19	<26	长江中游/下游区同(Ⅱ_a和Ⅱ_b)
安徽北部/江苏长江以北	≥20	<27	江淮区同(Ⅲ)

③区域梅雨在入梅条件中需要考虑梅雨发生在高温高湿的环境中,日平均气温≥22℃。

(3)特殊梅雨期

如依据监测指标无法确定该年度梅雨期,但在梅雨气候态时段内若满足以下条件:有明显的连续降水天气出现、有1次以上(含1次)区域性暴雨过程、雨期条件(开端日、结束日、雨日等)接近梅雨期客观规定要求,则可认为该年份为非空梅年。

(4)梅雨期的确定

江南区(Ⅰ)、长江中游区(Ⅱ_a)和长江下游区(Ⅱ_b)、江淮区(Ⅲ)等气候分区内的梅雨期,其监测区域的入梅日、出梅日为该气候区梅雨期的开始(结束)日。长江区(Ⅱ)则按照长江中游区(Ⅱ_a)和长江下游区(Ⅱ_b)两个区域中较早(晚)的入(出)梅日为该区梅雨期的开始(结束)日。入梅日至出梅日前一天的日数即为该气候分区的梅雨期长度。

梅雨其他参数的气候统计主要基于梅雨气候区的总体特征。平均梅雨期为各梅雨气候区域梅雨期长度的平均值。由多段雨期累计构成(不包括雨期间断)的时间长度称之为梅雨降水集中期。我国不同区域梅雨的开始和结束在时间和空间上存在很大差异,将4个气候分区中梅雨期最早开始的入梅日期作为中国梅雨季节的入梅日,以其中最晚的出梅日期作为中国梅雨季节的出梅日。入梅日至出梅日前一天的日数即为中国梅雨季节的长度。梅雨季节内梅雨区域累计平均降水量为梅雨季节平均降水量。

（5）梅雨强度的确定

梅雨期区域平均降水量，即区域内所有梅雨监测站的梅雨期总降水量的平均值为该区域梅雨雨强。其计算公式为：

$$P_i = \frac{1}{N}\sum_{j=1}^{N} P_{ij}$$

式中，P_i 为第 i 区域梅雨期的雨强；P_{ij} 为第 i 区域第 j 站的梅雨期总降水量；N 为第 i 区域总站数。

区域梅雨强度指数（M_i）计算公式：

$$M_i = \frac{L}{L_0} + \frac{\dfrac{(R/L)}{(R/L)_0}}{2} + \frac{R}{R_0} - 2.50$$

式中，M_i 为第 i 区域梅雨强度指数；L 为某一年梅雨期的长度（日数）；L_0 为历年梅雨期的平均长度（日数）；R 为某一年梅雨期监测站降水量；R_0 为历年梅雨期监测站总降水量的平均值；(R/L) 为梅雨期平均日降水强度；$(R/L)_0$ 为历年梅雨期平均日降水强度的平均值。梅雨强度指数的等级划分见表 A.2。

表 A.2 梅雨强度指数的等级划分

等级	强	偏强	正常	偏弱	弱
M_i 界值	$M_i \geqslant 1.25$	$1.25 > M_i \geqslant 0.375$	$0.375 > M_i > -0.375$	$-0.375 \geqslant M_i > -1.25$	$-1.25 \geqslant M_i$

以各气候分区中各梅雨雨强的平均值为中国梅雨雨强，以各气候分区中各梅雨强度指数的平均值为中国梅雨强度指数。

A2.17 华北雨季监测指标

（1）华北雨季开始时间

确定华北雨季开始时间的主要依据是区域内监测站（图 A.4）的降水状况和西北太平洋副热带高压脊线位置条件，具体方法如下：

考虑到季风雨带自南向北推进的特点，监测业务中当确认梅雨结束以后。

①若某日华北区域平均降雨量超过华北区域湿季的气候平均日降雨量（即 3.0 mm），以保证雨季开始前后雨量有明显的变化；

②同时该日华北区域有超过 20% 的站点出现 ≥17.0 mm（中到大雨级别降水）的降水，以保证雨季开始具有一定的区域性强降水；

③另外，110°～130°E 平均副高脊线连续 5 天以上稳定维持在 25°N 以北，以保证雨季开始是夏季风推进至华北的结果。

当某日上述条件满足时则判定该日为华北雨季开始日期。

（2）华北雨季结束时间

确定华北雨季结束时间的主要依据是区域内监测站的降水条件，具体方法如下：

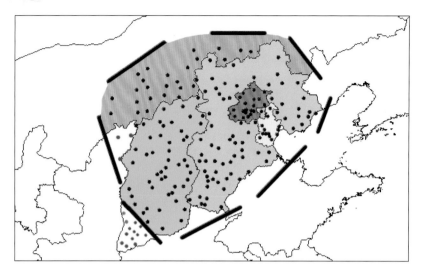

图 A.4　华北雨季监测区域及站点分布示意图

　　自雨季开始后,若某日降水满足①和②两个条件,但该日之后 15 天内没有满足条件的雨日,则定义该日的次日为雨季结束日期。

　　(3)华北雨季长度

　　华北雨季开始日期至结束日期的总天数为华北雨季长度。

　　(4)空汛

　　华北雨季长度不足 10 天的年份为空汛年。

　　(5)华北雨季总降水量

　　华北雨季开始日期至结束日期时段内,监测站的累计平均降水量为华北雨季总降水量。

A2.18　华西秋雨监测指标

　　(1)华西秋雨开始时间

　　确定华西秋雨开始时间的主要依据是区域内监测站(图 A.5)的降水状况,具体指标如下:

　　①8 月下旬起,监测区域内超过 40% 的监测站日降水量≥0.1 mm,则称为一个秋雨日;

　　②若连续出现 5 个秋雨日,则秋雨开始,并将第一个秋雨日定为华西秋雨开始时间。此时华西地区进入多雨期。

　　(2)华西秋雨结束时间

　　秋雨开始后,若连续 5 日达不到秋雨日标准,则多雨期结束,进入间歇期。若之后再无多雨期出现,则华西秋雨结束,并将最后一个多雨期的结束时间定为秋雨结束时间。秋雨期内可以有一个或多个多雨期。

　　(3)华西秋雨期

　　华西秋雨开始时间至结束时间之间的日期为华西秋雨期。华西秋雨期间降水日数的和为华西秋雨日数。

　　(4)华西秋雨量

　　华西秋雨期间站点平均降水量的累积值为华西秋雨量。

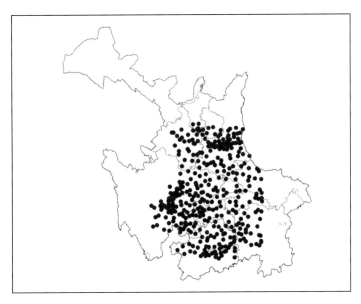

图 A.5 华西秋雨监测区域及站点分布示意图

A2.19 冷空气过程监测指标

（1）单站冷空气监测

依据单站降温幅度确定该站的冷空气等级，具体方法如下：

①24 h 内降温幅度：某日 06 时以后 24 小时内的气温与某日气温之差。

②48 h 内降温幅度：某日 06 时以后 48 小时内的气温与某日气温之差。

③72 h 内降温幅度：某日 06 时以后 72 小时内的气温与某日气温之差。

④中等强度冷空气：使某地的气温 48 h 内降温幅度≥6℃，但<8℃的冷空气。

⑤较强冷空气：使某地的气温 48 h 内降温幅度≥8℃，但未能使该地日最低气温下降到 8℃或以下的冷空气。

⑥强冷空气：使某地的气温 48 h 内降温幅度≥8℃，而且使该地日最低气温下降到 8℃或以下的冷空气。

⑦寒潮：使某地的气温 24 h 内降温幅度≥8℃，或 48 h 内降温幅度≥10℃，或 72 h 内降温幅度≥12℃，而且使该地日最低气温下降到 4℃以下的冷空气（48 h、72 h 内的气温必须是连续下降的）。

（2）冷空气过程判定

主要依据降温幅度大小、降温区域范围和降温持续时间来判定一次冷空气活动是否算作一次冷空气过程，具体方法如下：

①单日全国（全区）范围内≥8%的气象站出现中等及其以上强度的冷空气；

②一次冷空气过程至少持续 2 天；

③一次冷空气过程中，全国（全区）范围内≥15%的气象站出现中等及其以上强度的冷空气；

④一次冷空气过程中，若逐日 24 h 降温幅度达 6℃的站点在减少后出现增加，则判定出现增加的前一日过程结束。

同时满足以上 4 个条件,则判定出现了一次冷空气过程。

（3）冷空气过程开始时间

满足冷空气过程判定条件的首日为冷空气过程开始日。

（4）冷空气过程结束时间

冷空气过程开始后,将不满足冷空气过程判定标准的首日作为冷空气过程结束日;或依据冷空气过程判定条件④判定,24 h 降温幅度达 6℃的站点在减少后出现增加的首日为冷空气过程结束日。

（5）冷空气过程强度等级

全国型（全区型）寒潮:在一次冷空气过程中,全国（全区）范围内≥35％的气象站出现寒潮,且南、北方各有≥20％的气象站出现寒潮。

区域型寒潮:在该冷空气过程中,全国（全区）范围内≥15％的气象站出现寒潮。

全国型（全区型）强冷空气:在该冷空气过程中,全国（全区）范围内≥35％的气象站出现强及其以上等级冷空气,且南、北方各有≥20％的气象站出现强及其以上等级冷空气。

区域型强冷空气:在该冷空气过程中,全国（全区）范围内≥15％的气象站出现强及其以上等级冷空气。

全国型（全区型）较强冷空气:在该冷空气过程中,全国（全区）范围内≥35％的气象站出现较强及其以上等级冷空气,且南、北方各有≥15％的气象站出现较强及其以上等级冷空气。

区域型较强冷空气:若一次冷空气过程未达到全国型标准,在该冷空气过程中,全国（全区）范围内≥20％的气象站出现较强及其以上等级冷空气。

全国型（全区型）中等强度冷空气:在该冷空气过程中,全国（全区）范围内≥35％的气象站出现中等及其以上等级冷空气,且南、北方各有≥20％的气象站出现中等及其以上等级冷空气。

区域型中等强度冷空气:未达到上述标准的冷空气过程。

参考文献

曹西,陈光华,黄荣辉,等.2013.夏季西北太平洋热带辐合带的强度变化特征及其对热带气旋的影响.热带气象学报,**29**:198-206.

李威,王启祎,王小玲,2007.北半球阻塞高压实时监测诊断业务系统.气象,**33**(4):77-81.

柳艳菊,丁一汇.2007.亚洲夏季风暴发的基本气候特征分析.气象学报,**65**:511-526.

张庆云,陶诗言,陈烈庭.2003.东亚夏季风指数的年际变化与东亚大气环流.气象学报,**64**(4):559-568.

朱艳峰.2005.近 55 年南海夏季风暴发时间的确定及对 2005 年南海夏季风暴发早晚的预测.气候预测评论,**11**:62-68.

朱艳峰.2008.一个适用于描述中国大陆冬季气温变化的东亚冬季风指数.气象学报,**66**:781-788.

Lejenas H,Okland H.1983.Characteristics of Northern Hemisphere blocking as determined from a long time series of observational data. *Tellus*,**35A**:350-362.

Reynolds R W,Rayner N,Smith T M,*et al*.2002.An Improved In Situ and Satellite SST Analysis for Climate. *J. Climate*,**15**:1609-1625.

Tibaldi S,Molteni F.1990.On the operational predictability of blocking. *Tellus*,**42A**:343-365.

附录 B　东亚季风系统及其气候特征

B1　东亚季风区

东亚季风区中,南海—西太平洋为热带季风区,冬季盛行东北季风,夏季盛行西南季风。东亚大陆—日本为副热带季风区,冬季 30°N 以北盛行西北季风,以南盛行东北季风;夏季盛行西南季风或东南季风。

B2　东亚夏季风环流系统成员

东亚夏季风环流系统成员主要包括:①低空成员:马斯克林高压、澳大利亚高压、索马里越赤道气流、季风槽(南海—西北太平洋 ITCZ)、西太平洋副热带高压。②高空成员:南亚高压(西藏高压)、热带东风急流(图 B.1)。

B3　东亚冬季风环流系统成员

东亚冬季风环流系统成员主要包括:①低空成员:西伯利亚高压、东亚向南的越赤道气流、印尼—北澳热带辐合带(ITCZ)。②高空成员:西太平洋高压、向北越赤道气流(图 B.2)。

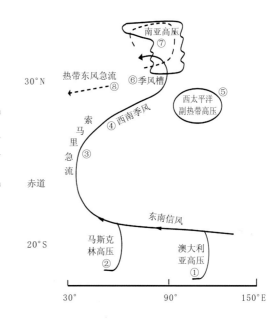

图 B.1　东亚夏季风环流系统成员示意图

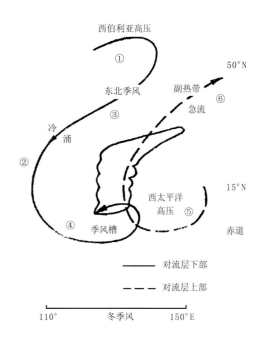

图 B.2　东亚冬季风环流系统成员示意图

B4 东亚季风环流系统气候特征

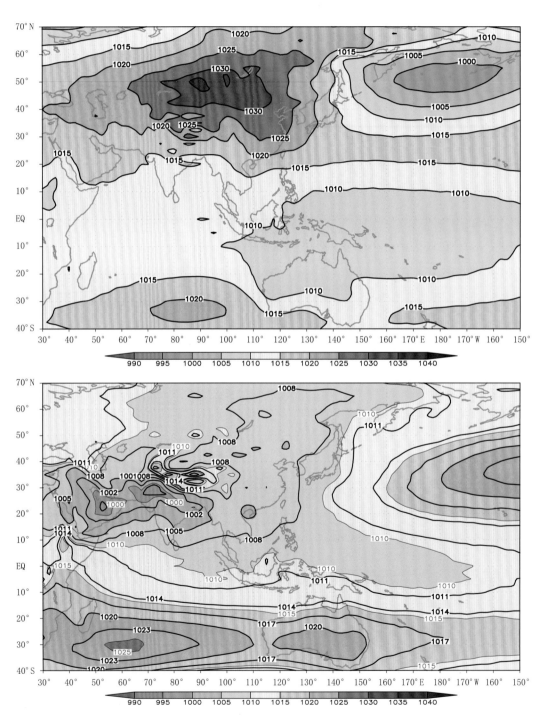

图 B.3 1981—2010 年平均冬季（上）及夏季（下）海平面气压场分布图（单位：hPa）

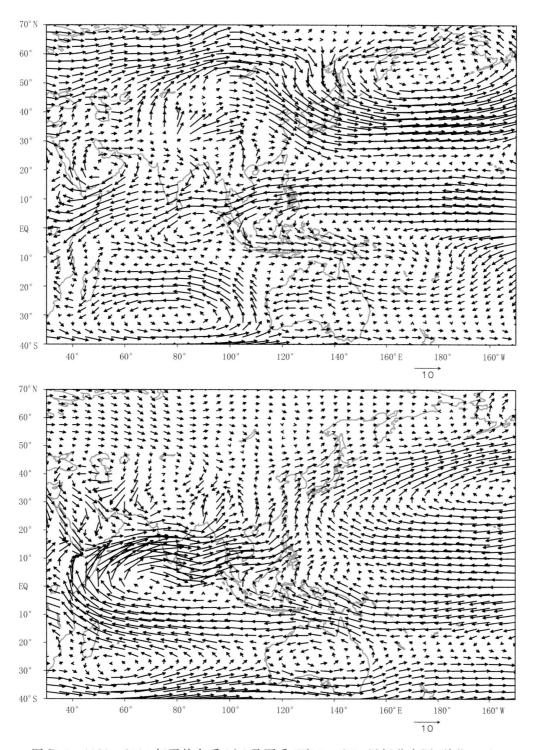

图 B.4　1981—2010 年平均冬季(上)及夏季(下)850 hPa 风场分布图(单位:m/s)

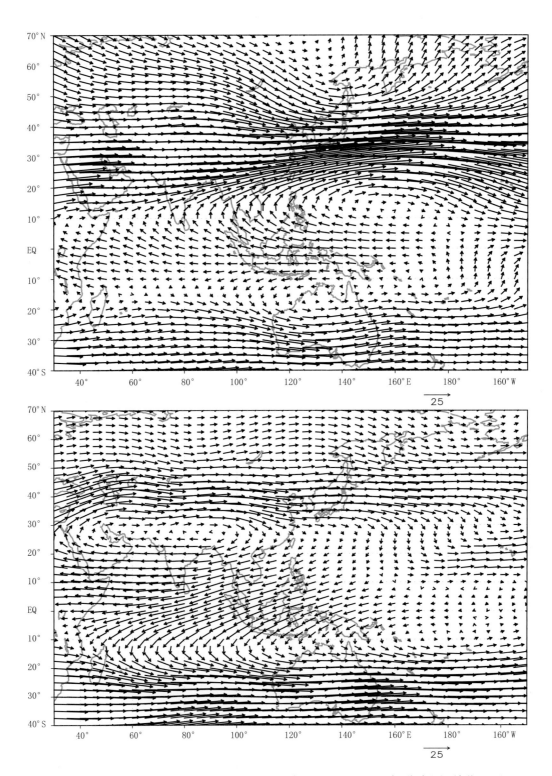

图 B.5　1981—2010 年平均冬季(上)及夏季(下)200 hPa 风场分布图(单位:m/s)

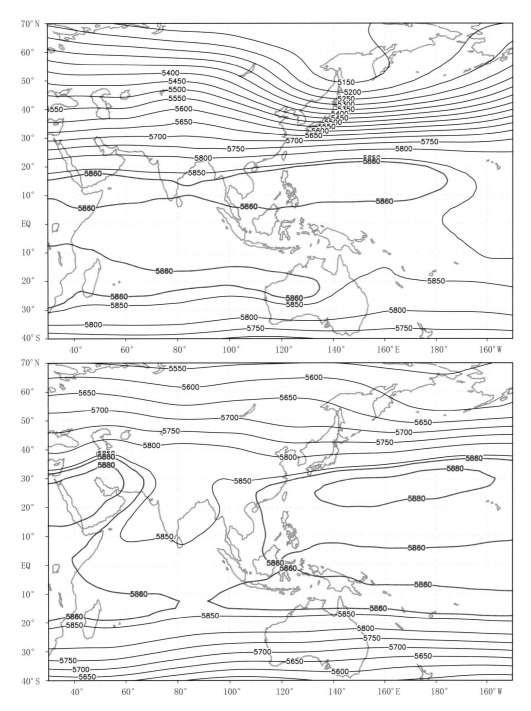

图 B.6　1981—2010 年平均冬季(上)及夏季(下)500 hPa 高度场(单位:gpm)分布图
(5860 gpm 和 5880 gpm 红色等值线,近似代表副热带高压主体位置)

附录 C 2013 年全球海温及海冰分布

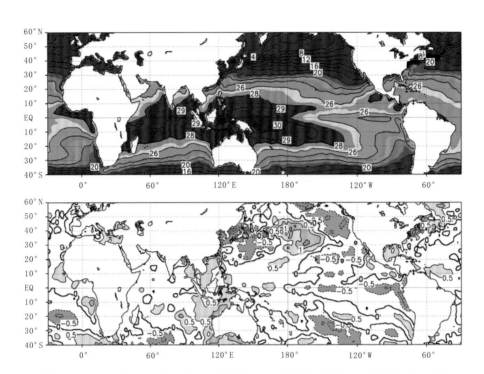

图 C.1 2012/2013 年冬季全球海温（上）及距平（下）分布图（单位：℃）

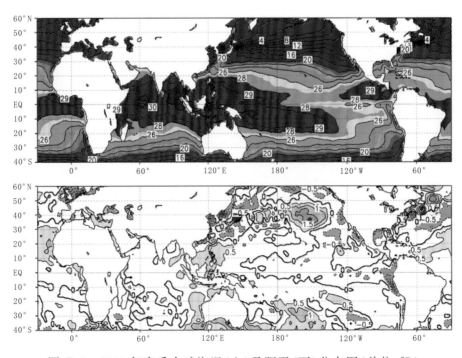

图 C.2 2013 年春季全球海温（上）及距平（下）分布图（单位：℃）

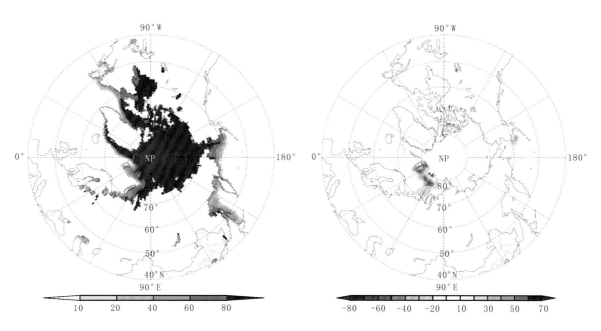

图 C.3 2012/2013 年冬季北半球海冰密集度(左)及距平(右)分布图(单位:％)

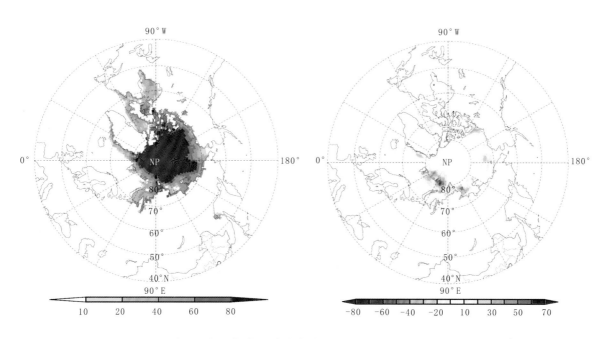

图 C.4 2013 年夏季北半球海冰密集度(左)及距平(右)分布图(单位:％)

附录 D 2013 年北半球积雪状况

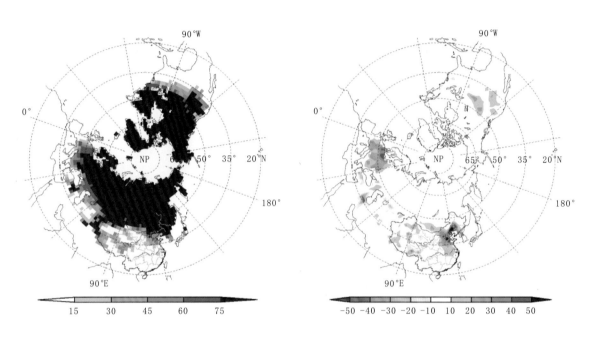

图 D.1 2012/2013 年冬季北半球积雪日数(左)及距平(右)分布图(单位:天)

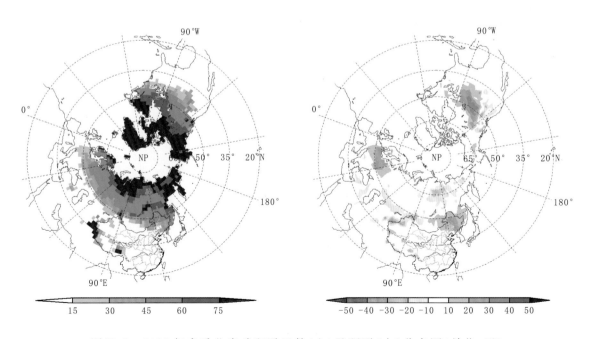

图 D.2 2013 年春季北半球积雪日数(左)及距平(右)分布图(单位:天)

附录 E　2012/2013 年东亚冬季风季节预测联合会商预测回顾

东亚冬季风季节预测联合会商开始于 1998 年,由中国气象局、韩国气象局、日本气象厅轮流主办,2009 年蒙古气象水文和环境监测厅加入该会商,参与冬季风趋势预测会商及会商会的承办。该联合会商主要目的在于加强东亚各个国家对东亚冬季风的科学认识和先进的预测技术交流,促进对东亚冬季风的理解,并对每年东亚冬季风的趋势进行会商讨论。2012/2013 年东亚冬季风季节预测联合会商在韩国首尔举行。

2012/2013 年东亚冬季风预测的综合意见为:

(1)赤道东太平洋海温稍微偏高,Nino3 和 Nino3.4 接近正常,弱的厄尔尼诺或者中性状态将持续通过冬季。

(2)对东亚冬季风预测存在一定的差异,中国和韩国预测东亚冬季风偏强,日本预测除北部外,东亚冬季风偏弱,蒙古预测冬季风正常或偏强。

各国的预测意见(图 E.1)分别为:

中国:气温北冷南暖,长江以北大部分地区气温较常年偏低,西南地区气温较常年偏高,其余地区接近常年;新疆北部、内蒙古大部、西北地区北部、华北北部、江南大部降水偏多,东北东部、黄淮、江汉西部降水偏少,其余地区降水接近常年。

韩国:气温正常或偏低,降水正常或偏少。

日本:气温北部正常,中部和南部正常或偏高;降水冲绳正常偏多,其余地区正常。

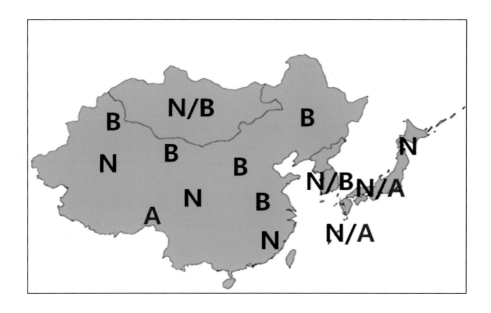

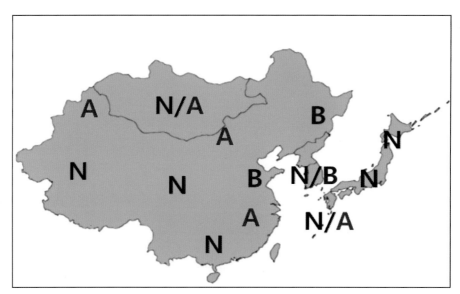

图 E.1　2012/2013 年冬季东亚地区气温(上)和降水(下)预测图
(A:偏多；N:接近正常；B:偏少)

附录F 2013年亚洲区域气候监测、预测和评估论坛

亚洲区域气候监测、预测和评估论坛(FOCRAII)自2005年开始每年4月在北京组织召开。论坛由中国气象局和世界气象组织(WMO)共同主办,国家外国专家局与国家发展和改革委员会协办,国家气候中心承办。每年都有来自几十个国家和地区的近百位代表参加会议。

论坛充分体现了WMO区域气候中心的四项必备功能(长期预报业务/气候监测业务/资料服务/产品培训)。每年与会专家对当年的亚洲区域气候异常及其影响夏季东亚气候的主要系统进行深入分析和探讨,并对夏季亚洲区域气候趋势进行了预测会商,形成当年夏季亚洲区域降水、温度分布趋势的综合预测意见,上报WMO有关机构。

在中国气象局领导和WMO的大力支持下,国家气候中心(BCC)已经连续十届成功举办了亚洲区域气候论坛,该论坛目前在国际上已经享有较高的声誉,对促进亚洲地区气候业务、服务和科研起到了积极作用。论坛不仅对提高亚洲地区季节预测水平,加强地区间的科研和业务合作做出了重要贡献,而且使得BCC在世界气候领域的地位有了进一步提升。为向二区协各国提供更加优质的气候服务,搭建了一个相互学习、共同交流季节预测技术的平台。

2013年夏季会商综合意见,基于动力模式、解释应用等客观方法以及诊断分析得出以下预测结论:

(1)预计印度夏季风接近正常,东亚夏季风偏强。

(2)降水偏多的地区主要位于俄罗斯的东部和西部,中国的华北、西北部分地区和东南地区,韩国,菲律宾,印尼西部,尼泊尔和印度南部。降水偏少主要在俄罗斯中部,中国东北、中部和西南地区,朝鲜,吉尔吉斯斯坦和伊拉克(图F.1)。

(3)除俄罗斯的部分地区气温偏低外,亚洲其余大部分地区气温接近常年或偏高(图F.2)。

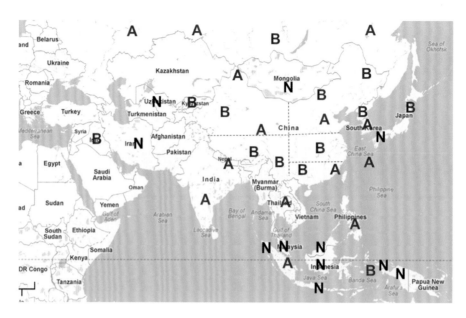

图 F.1　2013 年夏季降水预测图（A:偏多；N:接近正常；B:偏少）

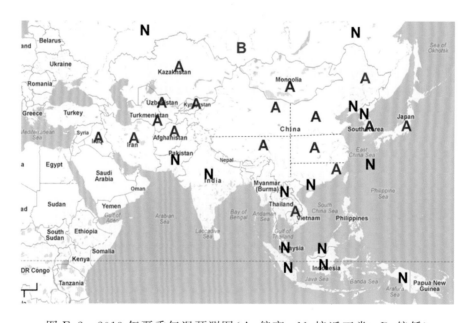

图 F.2　2013 年夏季气温预测图（A:偏高；N:接近正常；B:偏低）

附录 G　东亚冬季风指数

表 G.1　东亚冬季风指数历年信息表

年份	东亚冬季风强度指数	西伯利亚高压强度指数
1951/1952	0.96	0.86
1952/1953	0.64	2.54
1953/1954	−0.31	0.23
1954/1955	2.46	3.70
1955/1956	1.13	1.00
1956/1957	2.03	4.04
1957/1958	0.12	0.32
1958/1959	−0.55	0.40
1959/1960	−0.85	1.13
1960/1961	0.76	1.45
1961/1962	0.20	1.28
1962/1963	−0.40	0.73
1963/1964	0.84	2.74
1964/1965	−0.64	1.23
1965/1966	−0.74	0.49
1966/1967	1.48	1.67
1967/1968	2.91	0.29
1968/1969	1.44	−0.34
1969/1970	1.18	−0.77
1970/1971	0.35	−1.61
1971/1972	0.09	−1.87
1972/1973	0.23	−2.54
1973/1974	0.71	−0.78
1974/1975	1.71	−0.67
1975/1976	0.09	−1.19
1976/1977	1.39	1.66
1977/1978	−0.57	−0.19
1978/1979	−2.50	−2.46

续表

年份	东亚冬季风强度指数	西伯利亚高压强度指数
1979/1980	0.45	0.33
1980/1981	1.12	0.84
1981/1982	−0.41	−0.05
1982/1983	0.20	−0.20
1983/1984	2.66	1.81
1984/1985	1.05	0.63
1985/1986	0.67	1.33
1986/1987	−1.74	−0.88
1987/1988	0.10	0.22
1988/1989	0.09	−0.91
1989/1990	−1.28	−0.85
1990/1991	−0.18	−0.49
1991/1992	−1.03	−1.02
1992/1993	−0.73	−0.85
1993/1994	−0.52	−0.71
1994/1995	0.47	0.51
1995/1996	−0.13	1.33
1996/1997	−1.52	−1.75
1997/1998	−0.71	−0.84
1998/1999	−0.09	−0.34
1999/2000	0.62	1.14
2000/2001	0.16	−0.97
2001/2002	−0.83	0.04
2002/2003	−1.11	−0.29
2003/2004	−0.21	−0.59
2004/2005	1.83	1.46
2005/2006	0.87	1.94
2006/2007	−1.30	−1.38
2007/2008	1.36	1.49
2008/2009	0.05	−0.61
2009/2010	0.69	0.02
2010/2011	1.00	0.81
2011/2012	2.96	2.52
2012/2013	0.83	0.03

附录 H 东亚夏季风指数

表 H.1 东亚夏季风指数历年信息表

年份	南海夏季风			东亚副热带夏季风强度
	暴发候	结束候	强度	强度
1951	26	54	0.29	3.26
1952	29	54	0.93	2.85
1953	29	56	0.46	4.06
1954	31	55	−0.57	4.18
1955	29	53	−1.80	3.79
1956	31	54	−0.70	3.62
1957	27	54	0.34	5.21
1958	29	54	0.25	4.81
1959	30	53	−0.44	4.70
1960	30	54	0.02	7.46
1961	28	56	2.00	7.33
1962	28	51	0.03	5.02
1963	31	53	0.50	6.87
1964	28	54	−0.29	4.54
1965	29	55	0.52	1.67
1966	25	54	−0.14	2.82
1967	29	55	1.35	0.98
1968	29	56	0.34	0.59
1969	28	56	−0.37	1.35
1970	32	54	−0.64	1.36
1971	31	52	−0.82	0.94
1972	26	53	1.18	2.01
1973	32	51	−0.69	1.82
1974	30	52	0.22	0.58
1975	29	55	−0.48	2.33
1976	28	55	0.78	0.75
1977	28	54	0.49	0.08

年份	南海夏季风			东亚副热带夏季风强度
	暴发候	结束候	强度	强度
1978	29	58	0.77	−0.04
1979	27	55	−0.06	−1.05
1980	28	53	−0.80	−1.42
1981	30	56	0.15	0.89
1982	31	54	0.83	−0.08
1983	29	55	−1.44	−0.79
1984	28	50	0.00	0.02
1985	30	53	0.93	0.08
1986	27	53	0.84	−1.41
1987	32	52	−0.49	−0.53
1988	29	57	−1.18	0.70
1989	32	53	−0.50	−0.07
1990	28	53	1.04	−0.23
1991	32	55	0.65	−2.09
1992	28	54	−0.22	−0.63
1993	30	57	−0.47	−0.24
1994	25	54	1.09	−0.17
1995	27	54	−1.43	−0.51
1996	26	55	−1.26	−0.85
1997	28	55	0.60	−1.03
1998	28	53	−1.94	1.07
1999	30	54	0.63	−0.08
2000	27	52	0.40	−0.05
2001	26	55	1.05	−2.04
2002	27	53	1.59	−0.99
2003	29	52	−0.12	0.06
2004	28	52	0.55	−2.02
2005	30	54	0.27	−0.25
2006	28	56	0.66	0.69
2007	29	57	−0.36	−1.82
2008	25	56	−0.47	0.13
2009	30	57	1.12	0.33
2010	29	59	−2.53	0.92
2011	26	57	−1.08	−0.10
2012	28	56	−0.47	1.20
2013	27	58	−1.29	0.50

附录Ⅰ 中国雨季历年信息表

表 I.1 华南前汛期历年信息表

年份	开始时间	结束时间	总雨量(mm)
1961	4月6日	7月4日	733.18
1962	4月17日	7月3日	747.35
1963	6月1日	7月5日	302.34
1964	4月4日	7月5日	682.47
1965	4月6日	6月30日	758.82
1966	4月4日	7月28日	971.80
1967	4月1日	7月15日	651.39
1968	3月25日	7月11日	959.58
1969	4月14日	6月28日	542.36
1970	4月12日	7月2日	651.57
1971	4月27日	6月30日	572.98
1972	4月22日	6月29日	618.38
1973	4月2日	6月14日	782.64
1974	4月8日	7月5日	693.16
1975	3月7日	7月1日	909.58
1976	4月13日	6月20日	543.34
1977	5月9日	6月28日	514.42
1978	4月10日	6月29日	712.44
1979	4月2日	7月8日	756.01
1980	4月9日	6月30日	646.88
1981	3月27日	7月9日	839.04
1982	4月2日	7月8日	744.07
1983	3月1日	7月4日	928.69
1984	4月3日	6月28日	729.89
1985	3月28日	7月10日	636.88
1986	4月17日	6月27日	613.12
1987	3月16日	7月2日	802.25
1988	4月12日	7月1日	513.51
1989	4月4日	7月3日	675.52
1990	3月27日	7月4日	732.75
1991	5月1日	6月28日	428.78
1992	3月26日	7月15日	967.32

续表

年份	开始时间	结束时间	总雨量(mm)
1993	4 月 18 日	7 月 15 日	877.80
1994	4 月 24 日	6 月 28 日	641.38
1995	4 月 19 日	7 月 6 日	563.64
1996	3 月 28 日	7 月 1 日	683.06
1997	3 月 29 日	7 月 22 日	1047.94
1998	4 月 12 日	7 月 26 日	961.62
1999	4 月 19 日	6 月 25 日	516.20
2000	4 月 3 日	6 月 26 日	671.52
2001	4 月 4 日	6 月 15 日	654.86
2002	3 月 24 日	7 月 11 日	718.05
2003	4 月 13 日	6 月 29 日	568.68
2004	4 月 7 日	6 月 28 日	470.39
2005	4 月 25 日	7 月 2 日	773.03
2006	4 月 10 日	6 月 20 日	703.12
2007	4 月 17 日	7 月 6 日	653.05
2008	4 月 19 日	7 月 1 日	758.80
2009	3 月 6 日	7 月 7 日	771.89
2010	4 月 8 日	6 月 29 日	783.69
2011	5 月 3 日	7 月 1 日	470.64
2012	4 月 8 日	7 月 1 日	752.82
2013	3 月 28 日	7 月 4 日	778.59

表 I.2　西南雨季历年信息表

年份	开始时间	结束时间	总雨量(mm)
1961	5 月 25 日	10 月 26 日	1015.3
1962	5 月 25 日	10 月 10 日	872.2
1963	6 月 8 日	10 月 30 日	866.0
1964	5 月 4 日	10 月 12 日	1001.9
1965	5 月 27 日	11 月 5 日	991.7
1966	5 月 24 日	10 月 21 日	1052.7
1967	6 月 1 日	10 月 21 日	837.3
1968	5 月 27 日	10 月 16 日	933.9
1969	6 月 5 日	10 月 15 日	812.0
1970	5 月 17 日	10 月 14 日	869.1
1971	5 月 27 日	10 月 12 日	903.9
1972	5 月 20 日	10 月 10 日	742.6
1973	5 月 15 日	10 月 5 日	916.5
1974	5 月 22 日	10 月 8 日	971.0
1975	5 月 27 日	10 月 14 日	828.3

续表

年份	开始时间	结束时间	总雨量（mm）
1976	5 月 25 日	10 月 22 日	869.5
1977	6 月 18 日	10 月 18 日	743.8
1978	5 月 13 日	10 月 15 日	914.1
1979	6 月 10 日	10 月 14 日	861.3
1980	5 月 22 日	10 月 27 日	915.5
1981	5 月 19 日	10 月 4 日	927.6
1982	6 月 6 日	10 月 17 日	783.9
1983	6 月 3 日	10 月 21 日	879.7
1984	5 月 19 日	10 月 2 日	897.5
1985	5 月 20 日	10 月 3 日	947.5
1986	6 月 10 日	10 月 17 日	834.5
1987	6 月 6 日	10 月 12 日	835.2
1988	5 月 30 日	10 月 11 日	835.4
1989	5 月 30 日	10 月 22 日	806.9
1990	5 月 15 日	10 月 15 日	958.5
1991	6 月 4 日	10 月 19 日	885.1
1992	5 月 23 日	10 月 27 日	800.5
1993	5 月 30 日	10 月 21 日	863.9
1994	6 月 2 日	10 月 14 日	792.6
1995	5 月 31 日	10 月 14 日	898.2
1996	5 月 27 日	10 月 12 日	790.8
1997	6 月 8 日	10 月 13 日	780.1
1998	5 月 24 日	10 月 5 日	909.0
1999	5 月 20 日	10 月 14 日	941.4
2000	5 月 28 日	10 月 15 日	832.3
2001	5 月 13 日	10 月 23 日	995.8
2002	5 月 11 日	10 月 10 日	840.6
2003	5 月 20 日	10 月 4 日	793.2
2004	5 月 17 日	10 月 11 日	817.7
2005	6 月 2 日	10 月 12 日	792.3
2006	5 月 13 日	10 月 17 日	765.9
2007	5 月 16 日	10 月 9 日	848.3
2008	5 月 14 日	10 月 12 日	863.0
2009	6 月 1 日	10 月 9 日	703.4
2010	5 月 30 日	10 月 22 日	842.0
2011	5 月 30 日	10 月 8 日	622.2
2012	5 月 29 日	10 月 11 日	812.0
2013	5 月 15 日	10 月 19 日	831.2

表 1.3　江南梅雨（Ⅰ型）历年信息表

年份	梅雨开始—结束前日期 （月-日—月-日）	入梅日 （月-日）	出梅日 （月-日）	梅雨雨量 （mm）	集中期雨量 （mm）	梅雨长度 （d）	集中期长度 （d）	梅雨强度
1951	6-23—6-28	6-23	6-29	124.8	124.8	6	6	−1.1
1952	6-13—6-22;7-05—7-25	6-13	7-26	356.5	353.6	43	31	0.0
1953	5-30—6-05;6-22—7-06	5-30	7-07	346.8	260.5	38	22	−0.5
1954	6-05—6-29;7-11—7-31	6-05	8-01	847.5	836.4	57	46	2.2
1955	6-14—6-23	6-14	6-24	345.4	345.4	10	10	0.1
1956	6-10—6-19	6-10	6-20	118.9	118.9	10	10	−1.4
1957	6-16—6-30	6-16	7-01	140.3	140.3	15	15	−1.2
1958	6-21—6-26	6-21	6-27	51.1	51.1	6	6	−1.8
1959	6-01—7-07	6-01	7-08	324.9	324.9	37	37	0.1
1960	6-07—6-24	6-07	6-25	193.8	193.8	18	18	−0.9
1961	5-30—6-15	5-30	6-16	232.4	232.4	16	16	−0.7
1962	6-11—7-03	6-11	7-04	380.2	380.2	23	23	0.0
1963	6-13—6-28	6-13	6-29	151.9	151.9	16	16	−1.1
1964	6-17—6-28	6-17	6-29	115.5	115.5	12	12	−1.4
1965	6-09—6-19	6-09	6-20	105.5	105.5	11	11	−1.4
1966	6-12—7-13	6-12	7-14	424.1	424.1	32	32	0.3
1967	6-15—6-24;7-05—7-10	6-15	7-11	325.4	312.1	26	16	0.0
1968	6-21—7-12	6-21	7-13	310.6	310.6	22	22	−0.3
1969	6-05—6-11;6-23—7-13	6-05	7-14	482.5	471.4	39	28	0.5
1970	6-05—6-11;6-18—7-20	6-05	7-21	493.5	492.3	46	40	0.8
1971	5-26—6-05;6-18—6-23	5-26	6-24	404.6	389.9	29	17	0.1
1972	5-29—6-06;6-12—7-02	5-29	7-03	218.9	215.9	35	30	−0.5

续表

年份	梅雨开始—结束日期 （月-日—月-日）	入梅日 （月-日）	出梅日 （月-日）	梅雨雨量 （mm）	集中期雨量 （mm）	梅雨长度 （d）	集中期长度 （d）	梅雨强度
1973	5-28—6-05；6-17—7-12	5-28	7-13	598.9	587.9	46	35	1.0
1974	6-10—6-20；6-25—7-20	6-10	7-21	418.1	414.4	41	37	0.4
1975	6-17—7-16	6-17	7-17	270.9	270.9	30	30	−0.3
1976	6-01—7-14	6-01	7-15	502.4	502.4	44	44	0.9
1977	6-08—7-01	6-08	7-02	337.1	337.1	24	24	−0.2
1978	6-09—6-23	6-09	6-24	140.3	140.3	15	15	−1.2
1979	6-19—7-02；7-17—7-23	6-19	7-24	252.6	225.3	35	21	−0.7
1980	6-06—6-23；7-02—7-19	6-06	7-20	298.6	285.8	44	36	−0.1
1981	[7-10—7-13]	7-10	7-14	36.3	36.3	4	4	−1.9
1982	6-11—6-22	6-11	6-23	224.1	224.1	12	12	−0.7
1983	6-09—7-18	6-09	7-19	537.1	537.1	40	40	1.0
1984	6-07—7-05	6-07	7-06	275.9	275.9	29	29	−0.3
1985	6-04—6-13；6-24—7-05	6-04	7-06	234.7	226.5	32	22	−0.7
1986	6-11—7-08	6-11	7-09	268.4	268.4	28	28	−0.4
1987	6-19—7-31	6-19	8-01	318.6	318.6	43	43	0.2
1988	6-11—6-22	6-11	6-23	277.5	277.5	12	12	−0.4
1989	6-04—7-04	6-04	7-05	444.8	444.8	31	31	0.4
1990	5-29—7-03	5-29	7-04	348.5	348.5	36	36	0.1
1991	6-05—6-21	6-05	6-22	137.5	137.5	17	17	−1.2
1992	6-13—7-13	6-13	7-14	442.0	442.0	31	31	0.4
1993	6-12—7-09	6-12	7-10	555.4	555.4	28	28	0.8
1994	6-08—6-23	6-08	6-24	461.6	461.6	16	16	0.5

续表

年份	梅雨开始—结束前日期（月-日—月-日）	入梅日（月-日）	出梅日（月-日）	梅雨雨量（mm）	集中期雨量（mm）	梅雨长度（d）	集中期长度（d）	梅雨强度
1995	5-25—7-06	5-25	7-07	725.7	725.7	43	43	1.7
1996	5-30—7-19	5-30	7-20	392.7	392.7	51	51	0.7
1997	6-20—7-14	6-20	7-15	400.5	400.5	25	25	0.1
1998	6-08—6-28;7-18—8-01	6-08	8-02	783.8	751.9	55	36	1.7
1999	6-07—7-30	6-07	7-31	579.9	579.9	54	54	1.5
2000	5-29—6-24	5-29	6-25	413.8	413.8	27	27	0.2
2001	6-02—6-27	6-02	6-28	302.4	302.4	26	26	−0.3
2002	6-10—7-08	6-10	7-09	309.1	309.1	29	29	−0.2
2003	6-24—6-29	6-24	6-30	211.7	211.7	6	6	−0.3
2004	6-15—6-27	6-15	6-28	107.0	107.0	13	13	−1.4
2005	[7-11—7-14]	7-11	7-15	41.7	41.7	4	4	−1.8
2006	5-31—6-07;6-23—6-28;7-05—7-17	5-31	7-18	384.0	294.3	48	27	−0.3
2007	6-10—6-29;7-10—7-17	6-10	7-18	220.6	215.2	38	28	−0.6
2008	6-07—6-30;7-07—7-13	6-07	7-14	377.9	374.1	37	31	0.1
2009	6-21—7-02	6-21	7-03	111.8	111.8	12	12	−1.4
2010	6-17—6-29;7-05—7-10	6-17	7-11	383.7	380.0	24	19	0.0
2011	6-03—6-21	6-03	6-22	464.0	464.0	19	19	0.4
2012	6-04—6-11;6-22—6-30	6-04	7-01	302.9	220.9	27	17	−0.8
2013	6-06—6-30	6-06	7-01	282.5	282.5	25	25	−0.4

注：[ ]表示空梅。

表 I.4 长江中游梅雨（Ⅱa型）历年信息表

年份	梅雨开始—结束前日期 (月-日—月-日)	入梅日 (月-日)	出梅日 (月-日)	梅雨雨量 (mm)	集中期雨量 (mm)	梅雨长度 (d)	集中期长度 (d)	梅雨强度
1951	6-22—6-27;7-05—7-21	6-22	7-22	353.4	353.4	30	23	0.2
1952	7-07—7-14	7-07	7-15	113.4	113.4	8	8	−1.2
1953	6-22—6-28	6-22	6-29	164.8	164.8	7	7	−0.7
1954	6-04—8-01	6-04	8-02	909.1	909.1	59	59	3.5
1955	6-06—6-29	6-06	6-30	327.9	327.9	24	24	0.1
1956	6-03—6-16;6-25—7-01	6-03	7-02	237.2	216.6	29	21	−0.5
1957	6-14—7-09	6-14	7-10	250.1	250.1	26	26	−0.2
1958	7-07—7-19	7-07	7-20	104.0	104.0	13	13	−1.3
1959	6-26—7-05	6-26	7-06	113.4	113.4	10	10	−1.2
1960	6-07—6-28;7-07—7-13	6-07	7-14	313.7	311.2	37	29	0.1
1961	6-07—6-15	6-07	6-16	134.5	134.5	9	9	−1.1
1962	6-16—7-09	6-16	7-10	243.2	243.2	24	24	−0.3
1963	6-22—7-20	6-22	7-21	164.4	164.4	29	29	−0.6
1964	6-16—7-03	6-16	7-04	306.6	306.6	18	18	0.0
1965	7-04—7-09	7-04	7-10	53.8	53.8	6	6	−1.7
1966	6-11—7-12	6-11	7-13	288.2	288.2	32	32	0.1
1967	6-15—7-05	6-15	7-06	228.0	228.0	21	21	−0.5
1968	6-21—7-20	6-21	7-21	219.7	219.7	30	30	−0.3
1969	6-23—7-20	6-23	7-21	629.4	629.4	28	28	1.7
1970	6-18—7-21	6-18	7-22	351.8	351.8	34	34	0.4
1971	5-30—6-26	5-30	6-27	245.0	245.0	28	28	−0.2
1972	6-20—7-01	6-20	7-02	111.2	111.2	12	12	−1.3

年份	梅雨开始—结束前日期 （月-日—月-日）	入梅日 （月-日）	出梅日 （月-日）	梅雨雨量 （mm）	集中期雨量 （mm）	梅雨长度 （d）	集中期长度 （d）	梅雨强度
1973	6-15—7-19	6-15	7-20	325.5	325.5	35	35	0.3
1974	6-16—7-20	6-16	7-21	320.5	320.5	35	35	0.3
1975	6-16—7-16	6-16	7-17	245.0	245.0	31	31	-0.1
1976	6-15—6-30;7-06—7-15	6-15	7-16	187.4	185.0	31	26	-0.6
1977	6-09—7-03;7-11—7-29	6-09	7-30	418.9	416.6	51	44	1.0
1978	6-09—6-26	6-09	6-27	124.0	124.0	18	18	-1.1
1979	6-18—7-02;7-16—7-22	6-18	7-23	355.5	310.6	35	22	0.0
1980	6-05—7-21	6-05	7-22	445.7	445.7	47	47	1.2
1981	6-22—7-02;7-09—7-16	6-22	7-17	266.9	266.3	25	19	-0.3
1982	7-10—7-24	7-10	7-25	161.5	161.5	15	15	-0.9
1983	6-09—7-17	6-09	7-18	573.7	573.7	39	39	1.6
1984	6-06—6-15;6-20—7-06	6-06	7-07	328.8	327.5	31	27	0.2
1985	6-21—7-07	6-21	7-08	106.6	106.6	17	17	-1.2
1986	6-20—7-06	6-20	7-07	239.2	239.2	17	17	-0.4
1987	7-01—7-08	7-01	7-09	150.8	150.8	8	8	-0.9
1988	6-10—6-22	6-10	6-23	163.8	163.8	13	13	-0.9
1989	6-03—7-13	6-03	7-14	313.0	313.0	41	41	0.5
1990	6-06—7-02	6-06	7-03	292.6	292.6	27	27	0.0
1991	6-02—6-19;7-01—7-14	6-02	7-15	550.3	541.1	43	32	1.3
1992	6-13—7-05;7-11—7-20	6-13	7-21	269.7	263.8	38	33	0.0
1993	6-11—6-22;6-28—7-08; 7-18—8-03	6-11	8-04	428.8	417.2	54	40	0.9
1994	6-05—6-27	6-05	6-28	197.1	197.1	23	23	-0.6

续表

年份	梅雨开始—结束日期 (月-日—月-日)	入梅日 (月-日)	出梅日 (月-日)	梅雨雨量 (mm)	集中期雨量 (mm)	梅雨长度 (d)	集中期长度 (d)	梅雨强度
1995	6-19—7-07	6-19	7-08	286.6	286.6	19	19	−0.2
1996	5-31—7-21	5-31	7-22	761.2	761.2	52	52	2.7
1997	6-18—7-24	6-18	7-25	266.7	266.7	37	37	0.1
1998	6-07—7-04;7-17—8-03	6-07	8-04	666.3	655.4	58	46	2.1
1999	6-22—7-01;7-07—7-28	6-22	7-29	511.3	508.5	37	32	1.1
2000	5-29—6-10;6-21—7-07	5-29	7-08	210.4	207.8	40	30	−0.4
2001	6-02—6-22	6-02	6-23	149.1	149.1	21	21	−0.9
2002	6-18—7-07	6-18	7-08	183.0	183.0	20	20	−0.7
2003	6-20—6-29;7-05—7-11	6-20	7-12	332.5	327.6	22	17	0.1
2004	6-14—6-27;7-06—7-20	6-14	7-21	353.2	334.2	37	29	0.2
2005	7-10—7-25	7-10	7-26	116.8	116.8	16	16	−1.2
2006	6-22—7-17	6-22	7-18	175.3	175.3	26	26	−0.6
2007	6-19—7-02;7-09—7-16	6-19	7-17	233.9	220.2	28	22	−0.5
2008	6-08—6-24;7-06—7-13	6-08	7-14	287.9	255.5	36	25	−0.2
2009	6-17—7-01	6-17	7-02	167.7	167.7	15	15	−0.9
2010	7-04—7-25	7-04	7-26	350.1	350.1	22	22	0.2
2011	6-03—6-30	6-03	7-01	395.9	395.9	28	28	0.5
2012	6-25—7-01;7-11—7-19	6-25	7-20	259.2	256.0	25	16	−0.3
2013	6-20—6-30	6-20	7-01	127.5	127.5	11	11	−1.1

表 1.5　长江下游梅雨（Ⅱb型）历年信息表

年份	梅雨开始—结束前日期 （月-日—月-日）	入梅日 （月-日）	出梅日 （月-日）	梅雨雨量 （mm）	集中期雨量 （mm）	梅雨长度 （d）	集中期长度 （d）	梅雨强度
1951	6-22—6-27；7-06—7-22	6-22	7-23	349.2	348.9	31	23	0.6
1952	6-07—6-22；7-03—7-08	6-07	7-09	238.1	237.0	32	22	0.0
1953	5-30—6-11；6-19—6-29	5-30	6-30	293.8	289.4	31	24	0.3
1954	6-08—7-31	6-08	8-01	523.9	523.9	54	54	2.6
1955	6-27—7-08	6-27	7-09	175.2	175.2	12	12	−0.6
1956	6-04—7-19	6-04	7-20	380.0	380.0	46	46	1.6
1957	6-20—7-09	6-20	7-10	362.4	362.4	20	20	0.7
1958	[7-07—7-09]	7-07	7-10	18.8	18.8	3	3	−2.0
1959	6-28—7-07	6-28	7-08	67.0	67.0	10	10	−1.5
1960	6-07—6-26	6-07	6-27	204.5	204.5	20	20	−0.3
1961	6-01—6-14	6-01	6-15	181.7	181.7	14	14	−0.6
1962	7-02—7-07	7-02	7-08	88.9	88.9	6	6	−1.2
1963	6-22—6-28	6-22	6-29	148.5	148.5	7	7	−0.7
1964	6-24—6-28	6-24	6-29	128.5	128.5	5	5	−0.7
1965	7-01—7-07；7-15—7-23	7-01	7-24	95.4	93.5	23	16	−1.1
1966	6-24—7-12	6-24	7-13	196.8	196.8	19	19	−0.4
1967	6-24—7-05	6-24	7-06	148.7	148.7	12	12	−0.8
1968	6-23—7-11	6-23	7-12	131.8	131.8	19	19	−0.8
1969	6-28—7-20	6-28	7-21	238.2	238.2	23	23	0.0
1970	6-18—7-01；7-12—7-18	6-18	7-19	312.4	300.7	31	21	0.3
1971	5-31—6-23	5-31	6-24	230.9	230.9	24	24	0.0
1972	6-20—7-03	6-20	7-04	137.7	137.7	14	14	−0.9

续表

年份	梅雨开始—结束前日期 (月-日—月-日)	入梅日 (月-日)	出梅日 (月-日)	梅雨雨量 (mm)	集中期雨量 (mm)	梅雨长度 (d)	集中期长度 (d)	梅雨强度
1973	6-16—6-29	6-16	6-30	198.4	198.4	14	14	-0.4
1974	6-10—6-20;7-09—7-20	6-10	7-21	322.7	250.2	41	23	0.1
1975	6-17—7-16	6-17	7-17	340.9	340.9	30	30	0.8
1976	6-16—6-24	6-16	6-25	76.9	76.9	9	9	-1.4
1977	6-28—7-22	6-28	7-23	158.7	158.7	25	25	-0.4
1978	[7-15—7-19]	7-15	7-20	40.0	40.0	5	5	-1.8
1979	6-19—7-25	6-19	7-26	259.2	259.2	37	37	0.6
1980	6-10—7-20	6-10	7-21	307.1	307.1	41	41	1.0
1981	6-24—7-01	6-24	7-02	141.2	141.2	8	8	-0.8
1982	6-16—6-22;7-09—7-25	6-16	7-26	301.8	284.9	40	24	0.3
1983	6-23—7-18	6-23	7-19	293.9	293.9	26	26	0.4
1984	6-27—7-06	6-27	7-07	68.6	68.6	10	10	-1.5
1985	6-22—7-05	6-22	7-06	177.0	177.0	14	14	-0.6
1986	6-12—7-12	6-12	7-13	322.1	322.1	31	31	0.7
1987	7-02—7-28	7-02	7-29	339.0	339.0	27	27	0.7
1988	6-17—6-22	6-17	6-23	70.4	70.4	6	6	-1.4
1989	6-10—6-18;7-01—7-15	6-10	7-16	227.3	201.5	36	24	-0.2
1990	6-19—7-03	6-19	7-04	96.9	96.9	15	15	-1.1
1991	6-03—6-20;6-30—7-15	6-03	7-16	567.6	567.2	43	34	2.1
1992	6-14—6-26	6-14	6-27	115.7	115.7	13	13	-1.0
1993	6-28—7-08;7-15—7-27	6-28	7-28	275.7	272.7	30	24	0.2
1994	6-08—6-28	6-08	6-29	223.2	223.2	21	21	-0.2

续表

年份	梅雨开始—结束前日期 （月-日—月-日）	入梅日 （月-日）	出梅日 （月-日）	梅雨雨量 （mm）	集中期雨量 （mm）	梅雨长度 （d）	集中期长度 （d）	梅雨强度
1995	6-20—7-07	6-20	7-08	334.6	334.6	18	18	0.5
1996	6-23—7-21	6-23	7-22	382.6	382.6	29	29	1.0
1997	6-24—7-11	6-24	7-12	233.5	233.5	18	18	-0.2
1998	6-24—7-05；7-15—8-03	6-24	8-04	312.7	312.4	41	32	0.7
1999	6-07—7-02	6-07	7-03	593.0	593.0	26	26	2.1
2000	[7-10—7-13]	7-10	7-14	44.5	44.5	4	4	-1.7
2001	6-13—6-26	6-13	6-27	285.2	285.2	14	14	0.2
2002	6-19—7-07	6-19	7-08	221.8	221.8	19	19	-0.2
2003	6-23—7-11	6-23	7-12	177.5	177.5	19	19	-0.5
2004	6-15—6-26	6-15	6-27	168.6	168.6	12	12	-0.7
2005	7-06—7-20	7-06	7-21	112.0	112.0	15	15	-1.0
2006	6-22—7-25	6-22	7-26	269.5	269.5	34	34	0.5
2007	6-28—7-23	6-28	7-24	219.8	219.8	26	26	0.0
2008	6-07—7-03	6-07	7-04	319.3	319.3	27	27	0.6
2009	6-20—7-02	6-20	7-03	140.7	140.7	13	13	-0.9
2010	6-24—7-21	6-24	7-22	277.0	277.0	28	28	0.4
2011	6-04—6-29	6-04	6-30	344.2	344.2	26	26	0.7
2012	6-22—7-17	6-22	7-18	212.3	212.3	26	26	-0.1
2013	6-23—6-29	6-23	6-30	104.4	104.4	7	7	-1.1

注：[ ]表示空梅。

表 I.6 江淮梅雨（Ⅲ型）历年信息表

年份	梅雨开始-结束前日期 （月-日—月-日）	入梅日 （月-日）	出梅日 （月-日）	梅雨雨量 （mm）	集中期雨量 （mm）	梅雨长度 （d）	集中期长度 （d）	梅雨强度
1951	6-21—6-25；7-06—7-22	6-21	7-23	259.3	258.7	32	22	0.1
1952	7-14—7-23	7-14	7-24	77.4	77.4	10	10	−1.4
1953	6-19—6-27；7-15—7-22	6-19	7-23	357.1	316.7	34	17	0.0
1954	6-24—7-29	6-24	7-30	621.2	621.2	36	36	2.4
1955	6-22—7-13	6-22	7-14	159.8	159.8	22	22	−0.5
1956	6-04—7-21	6-04	7-22	509.5	509.5	48	48	2.3
1957	6-30—7-14	6-30	7-15	150.9	150.9	15	15	−0.8
1958	[7-07—7-09]	7-07	7-10	13.3	13.3	3	3	−2.1
1959	6-27—7-05	6-27	7-06	86.6	86.6	9	9	−1.3
1960	6-19—6-29；7-07—7-11	6-19	7-12	220.1	206.5	23	16	−0.5
1961	6-06—6-17；7-03—7-10	6-06	7-11	182.3	170.2	35	20	−0.6
1962	6-17—6-26；7-03—7-11	6-17	7-12	243.0	240.4	25	19	−0.2
1963	6-22—7-13	6-22	7-14	175.2	175.2	22	22	−0.4
1964	6-24—7-01	6-24	7-02	60.3	60.3	8	8	−1.6
1965	6-30—7-23	6-30	7-24	330.3	330.3	24	24	0.5
1966	[7-05—7-07]	7-05	7-08	31.2	31.2	3	3	−1.8
1967	6-24—7-05	6-24	7-06	122.5	122.5	12	12	−1.0
1968	6-25—7-20	6-25	7-21	329.9	329.9	26	26	0.6
1969	7-01—7-22	7-01	7-23	441.0	441.0	22	22	1.1
1970	6-28—7-28	6-28	7-29	295.7	295.7	31	31	0.6
1971	6-01—6-16；6-25—7-11	6-01	7-12	340.2	310.4	41	33	0.7
1972	6-11—7-11	6-11	7-12	388.7	388.7	31	31	1.1

续表

年份	梅雨开始—结束前日期 (月-日—月-日)	入梅日 (月-日)	出梅日 (月-日)	梅雨雨量 (mm)	集中期雨量 (mm)	梅雨长度 (d)	集中期长度 (d)	梅雨强度
1973	6-16—7-19	6-16	7-20	203.9	203.9	34	34	0.2
1974	6-09—6-20;7-08—7-31	6-09	8-01	437.6	426.8	53	36	1.3
1975	6-20—7-15	6-20	7-16	305.8	305.8	26	26	0.5
1976	6-21—6-30	6-21	7-01	101.4	101.4	10	10	−1.2
1977	6-28—7-21	6-28	7-22	186.0	186.0	24	24	−0.3
1978	7-10—7-20	7-10	7-21	61.9	61.9	11	11	−1.5
1979	6-19—7-04;7-14—7-25	6-19	7-26	387.9	346.0	37	28	0.7
1980	6-17—7-21	6-17	7-22	466.0	466.0	35	35	1.6
1981	6-22—7-01	6-22	7-02	137.9	137.9	10	10	−0.9
1982	7-09—7-25	7-09	7-26	277.0	277.0	17	17	0.1
1983	6-23—7-04;7-13—7-24	6-23	7-25	381.2	371.7	32	24	0.6
1984	6-04—6-15;6-28—7-09	6-04	7-10	189.5	178.3	36	29	−0.2
1985	6-22—6-27	6-22	6-28	67.8	67.8	6	6	−1.5
1986	6-11—6-24;7-10—7-24	6-11	7-25	423.5	353.2	44	29	0.7
1987	7-02—7-21	7-02	7-22	277.9	277.9	20	20	0.1
1988	[7-12—7-15]	7-12	7-16	34.7	34.7	4	4	−1.8
1989	6-04—6-16;7-05—7-15	6-04	7-16	314.8	288.4	42	24	0.1
1990	6-14—6-27;7-10—7-20	6-14	7-21	253.0	219.4	37	25	−0.1
1991	6-08—6-16;6-29—7-15	6-08	7-16	766.4	756.5	38	26	2.6
1992	7-09—7-22	7-09	7-23	109.1	109.1	14	14	−1.1
1993	6-21—6-29;7-14—7-24	6-21	7-25	259.6	230.3	34	20	−0.3
1994	7-13—7-17	7-13	7-18	49.5	49.5	5	5	−1.7

续表

年份	梅雨开始－结束前日期 （月-日—月-日）	入梅日 （月-日）	出梅日 （月-日）	梅雨雨量 （mm）	集中期雨量 （mm）	梅雨长度 （d）	集中期长度 （d）	梅雨强度
1995	6-17—6-24	6-17	6-25	99.8	99.8	8	8	-1.2
1996	6-03—7-21	6-03	7-22	519.4	519.4	49	49	2.4
1997	6-30—7-06；7-13—7-22	6-30	7-23	200.5	196.2	23	17	-0.5
1998	6-25—7-04；7-14—8-03	6-25	8-04	370.5	368.0	40	31	0.9
1999	6-23—7-01	6-23	7-02	120.0	120.0	9	9	-1.1
2000	6-20—6-29	6-20	6-30	127.8	127.8	10	10	-1.0
2001	6-09—6-19	6-09	6-20	58.8	58.8	11	11	-1.5
2002	6-19—6-28	6-19	6-29	112.3	112.3	10	10	-1.1
2003	6-21—7-22	6-21	7-23	589.2	589.2	32	32	2.1
2004	6-14—6-19；7-06—7-14	6-14	7-15	221.9	150.3	31	15	-0.9
2005	6-26—7-11	6-26	7-12	189.6	189.6	16	16	-0.5
2006	6-21—7-28	6-21	7-29	416.6	416.6	38	38	1.5
2007	6-19—7-26	6-19	7-27	447.7	447.7	38	38	1.6
2008	6-14—6-23；7-06—7-13	6-14	7-14	210.3	177.8	30	18	-0.6
2009	[7-10—7-14]	7-10	7-15	13.9	13.9	5	5	-2.1
2010	7-02—7-24	7-02	7-25	237.9	237.9	23	23	0.0
2011	6-17—7-20	6-17	7-21	376.9	376.9	34	34	1.1
2012	6-27—7-14	6-27	7-15	260.1	260.1	18	18	0.0
2013	[6-23—6-26]	6-23	6-27	81.5	81.5	4	4	-1.2

注：[ ]表示空梅。

表 I.7　华北雨季历年信息表

年份	开始时间	结束时间	总雨量（mm）
1961	7 月 1 日	8 月 27 日	288.5
1962	7 月 13 日	8 月 9 日	185.4
1963	7 月 2 日	9 月 4 日	231.7
1964	7 月 3 日	9 月 21 日	470.8
1965	8 月 15 日	8 月 19 日	16.3
1966	7 月 15 日	9 月 2 日	312.1
1967	7 月 18 日	9 月 5 日	278.2
1968	8 月 18 日	8 月 20 日	20.5
1969	7 月 14 日	9 月 3 日	315.3
1970	7 月 16 日	8 月 18 日	175.3
1971	7 月 6 日	8 月 2 日	121.5
1972	7 月 27 日	9 月 3 日	27.6
1973	7 月 15 日	9 月 8 日	271.7
1974	7 月 23 日	8 月 17 日	162.6
1975	7 月 9 日	9 月 2 日	198.7
1976	7 月 15 日	9 月 9 日	316.5
1977	7 月 20 日	8 月 12 日	216.9
1978	7 月 13 日	9 月 19 日	184.4
1979	7 月 24 日	8 月 17 日	311.8
1980	7 月 24 日	9 月 2 日	25.5
1981	7 月 3 日	8 月 19 日	189.6
1982	7 月 30 日	9 月 3 日	204.4
1983	8 月 4 日	9 月 10 日	89.6
1984	7 月 1 日	7 月 14 日	138.9
1985	7 月 22 日	9 月 17 日	249.8
1986	7 月 29 日	8 月 11 日	92.9
1987	8 月 13 日	9 月 4 日	148.3
1988	7 月 7 日	8 月 21 日	267.4
1989	7 月 17 日	7 月 29 日	104.1
1990	7 月 19 日	9 月 3 日	183.6
1991	7 月 18 日	8 月 3 日	118.5
1992	7 月 25 日	8 月 13 日	146.3
1993	8 月 4 日	8 月 12 日	68.2
1994	7 月 3 日	8 月 19 日	332.7
1995	7 月 25 日	9 月 11 日	376.7
1996	7 月 20 日	8 月 21 日	281.5
1997	7 月 19 日	8 月 4 日	89.3
1998	7 月 1 日	8 月 1 日	179.8
1999	8 月 9 日	8 月 20 日	56.3

年份	开始时间	结束时间	总雨量（mm）
2000	7 月 4 日	7 月 12 日	65.9
2001	7 月 24 日	7 月 29 日	67.3
2002	7 月 28 日	8 月 6 日	56.6
2003	8 月 5 日	8 月 11 日	88.3
2004	7 月 11 日	8 月 21 日	191.4
2005	7 月 23 日	8 月 18 日	190.8
2006	7 月 31 日	9 月 2 日	125.4
2007	7 月 29 日	8 月 9 日	84.7
2008	8 月 10 日	8 月 28 日	88.5
2009	7 月 8 日	7 月 29 日	213.0
2010	7 月 19 日	9 月 23 日	134.3
2011	7 月 29 日	8 月 24 日	56.8
2012	7 月 21 日	8 月 16 日	220.6
2013	7 月 9 日	8 月 13 日	205.9

表 I.8 华西秋雨历年信息表

年份	开始时间	结束时间	总雨量（mm）
1961	9 月 18 日	11 月 20 日	325.37
1962	9 月 14 日	11 月 26 日	280.05
1963	9 月 15 日	11 月 25 日	297.38
1964	8 月 28 日	11 月 9 日	491.49
1965	9 月 25 日	10 月 13 日	118.97
1966	9 月 18 日	10 月 28 日	197.26
1967	9 月 1 日	11 月 30 日	441.84
1968	9 月 7 日	11 月 4 日	293.27
1969	9 月 1 日	11 月 7 日	242.17
1970	9 月 15 日	9 月 30 日	143.85
1971	9 月 6 日	11 月 14 日	247.39
1972	9 月 19 日	10 月 22 日	155.33
1973	9 月 14 日	11 月 12 日	288.25
1974	9 月 2 日	11 月 17 日	337.64
1975	9 月 1 日	11 月 23 日	519.33
1976	9 月 15 日	10 月 28 日	216.34
1977	9 月 13 日	11 月 15 日	147.39
1978	9 月 5 日	11 月 29 日	236.14
1979	9 月 3 日	9 月 30 日	213.26
1980	9 月 3 日	10 月 24 日	244.06
1981	8 月 29 日	11 月 30 日	340.62
1982	8 月 27 日	11 月 9 日	441.33

续表

年份	开始时间	结束时间	总雨量(mm)
1983	9 月 4 日	10 月 26 日	398.96
1984	9 月 4 日	10 月 18 日	290.48
1985	9 月 4 日	11 月 13 日	347.31
1986	9 月 6 日	10 月 29 日	183.86
1987	9 月 13 日	10 月 24 日	169.47
1988	9 月 7 日	10 月 24 日	229.44
1989	8 月 30 日	11 月 16 日	361.90
1990	9 月 26 日	10 月 28 日	148.28
1991	9 月 21 日	10 月 24 日	123.42
1992	9 月 11 日	10 月 13 日	188.39
1993	9 月 16 日	10 月 30 日	191.20
1994	9 月 20 日	11 月 30 日	262.45
1995	9 月 8 日	10 月 24 日	123.93
1996	9 月 3 日	11 月 17 日	217.46
1997	9 月 12 日	10 月 20 日	196.27
1998	9 月 16 日	9 月 27 日	87.36
1999	10 月 9 日	11 月 18 日	150.97
2000	9 月 23 日	10 月 30 日	235.92
2001	8 月 26 日	11 月 6 日	396.56
2002	10 月 18 日	11 月 2 日	71.18
2003	8 月 28 日	10 月 14 日	273.12
2004	8 月 31 日	10 月 24 日	281.48
2005	9 月 21 日	11 月 24 日	216.62
2006	9 月 25 日	11 月 30 日	190.63
2007	9 月 6 日	11 月 2 日	170.22
2008	9 月 23 日	11 月 7 日	316.14
2009	10 月 7 日	11 月 1 日	74.61
2010	9 月 4 日	11 月 3 日	233.37
2011	9 月 4 日	11 月 22 日	396.32
2012	9 月 8 日	11 月 18 日	323.50
2013	8 月 31 日	11 月 6 日	258.78